'जर तर' च्या गोष्टी

भाग - १

डॉ. बाळ फोंडके

'Jar Tar'chya Goshti : Bhag 1

© Dr. Bal Phondke, 2024

'जर तर'च्या गोष्टी : भाग १

© डॉ. बाळ फोंडके, २०२४

प्रथम आवृत्ती	:	जून, २०२४
प्रकाशक	:	सकाळ मीडिया प्रा. लि.
		५९५, बुधवार पेठ,
		पुणे ४११ ००२
संपादन व मुद्रितशोधन	:	माधव गोखले व इरावती बारसोडे
मुखपृष्ठ	:	संतोष घोंगडे
मांडणी	:	अनुज आर्ट्स्
मुद्रणस्थळ	:	विकास प्रिंटिंग ॲण्ड कॅरिअर्स प्रा. लि.
		प्लॉट नं. ३२, एमआयडीसी,
		सातपूर, नाशिक ४२२००७
ISBN	:	978-81-968004-6-8
संपर्क	:	020-2440 5678 / 88888 49050
		sakalprakashan@esakal.com

Disclaimer :

Although the author has taken every effort to ensure that the information in this book was conect at the time of printing, the author and publisher do not assume and hereby disclaim any liability to any party, society for any loss, damage, or disruption caused by errors or omissions, whether such errors and omissions are caused due to negligence, accident, amendment in Act Rules Bye laws or any other cause. The views expressed in this book are those of the Authors and do not necessarily reflect the views of the Publishers

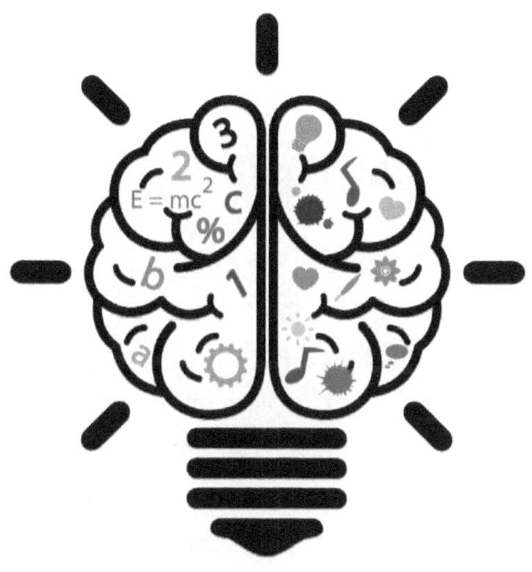

संस्कृत भाषा विद्वान, कायदेपंडित
विज्ञान रसिक, अध्यात्म अभ्यासक
अशा बहुढंगी व्यक्तिमत्त्वाचे
माझे मित्र
गिरिधरभाई गुजराथी
यांना
स्नेहादरपूर्वक

ऋणनिर्देश

सलग दोन वर्षं हे लेखन होत असताना अनेकांची प्रत्यक्ष अप्रत्यक्ष मदत झाली आहे. कोणी संदर्भ मिळवून दिले. कोणी नवीन विषय सुचवले. कोणी सरळ सरळ काही प्रश्न विचारले. कोणी काही सुधारणांची अपेक्षा केली. तर कोणी लेख आवडला हे सांगतानाच नवीनच विषयाचं सूतोवाच केलं. त्या सर्वांचा नामोल्लेख करणं शक्य नाही. पण काहीजणांचं ऋण उघडपणे मान्य करणं मला माझं कर्तव्य वाटतं.

डॉ. रघुनाथ माशेलकर यांनी मित्रप्रेमाखातर आपल्या अतिशय व्यग्र कार्यक्रमातून वेळ काढून मौलिक प्रस्तावना दिली. 'सकाळ साप्ताहिक'चे माध.व गोखले आणि त्यांच्या सहकारी इरावती बारसोडे यांनी तर या लेखांचं संगोपनच केलं आहे. प्रदीप म्हात्रे यांनी संदर्भ शोधण्यात मदत केली. आशिष पाटकर, डॉ. उज्ज्वला दळवी, शुभदा चौकर, डॉ. मृणाल पेडणेकर, डॉ. दीपालि नांदूरकर, प्रसाद घाणेकर यांचा उल्लेख करणं आवश्यकच आहे. या सर्वांचे मी मनापासून आभार मानतो.

'सकाळ साप्ताहिका'च्या सजावटकारांनी प्रत्येक लेखासाठी अतिशय समर्पक चित्रं पुरवली आहेत. त्यांचे तसंच या पुस्तकांचे प्रकाशक 'सकाळ माध्यम समूहा'चे, 'सकाळ प्रकाशन' यांनाही धन्यवाद.

प्रस्तावना

आपल्या नेहमीच्या आयुष्यात आपण अनेक गोष्टी गृहीत धरतो. उदाहरणार्थ, आंतरजाल म्हणजेच इंटरनेट. म्हणूनच 'जर इंटरनेटचा शोध लागलाच नसता तर,' हा प्रश्न विचारावासा वाटतो.

टिम बर्नर्स लॉ हा इंटरनेटचा जनक. यंदा, २०२३च्या १२ ऑक्टोबर रोजी, त्याची भेट घेण्याचा योग लंडनच्या बकिंगहॅम पॅलेसमध्ये आला. हे कसं जुळून आलं, हेही सांगण्यासारखं आहे.

बकिंगहॅम पॅलेसमध्ये राजे चार्ल्स यांच्या हस्ते २०२२ आणि २०२३चे 'महाराणी एलिझाबेथ अभियांत्रिकी पुरस्कार' (Queen Elizabeth Engineering Price) देण्याचा राजेशाही सोहळा आयोजित केला गेला होता. नोबेल पुरस्कार भौतिकविज्ञान, रसायनविज्ञान, जीवशास्त्र तथा वैद्यकशास्त्र, अर्थशास्त्र, साहित्य आणि जागतिक शांती या विषयांमधील मौलिक योगदानासाठी दिला जातो. पण अभियांत्रिकीसाठी या पुरस्काराची योजना नाही. महाराणी एलिझाबेथ पुरस्कार हा अभियांत्रिकीसंबंधी नोबेल पुरस्काराच्या समकक्ष आहे. गेल्या दहा वर्षांमध्ये आपल्या जीवनावर दूरगामी परिणाम करणाऱ्या या क्षेत्रातील योगदानासाठी तो दिला जातो. इंटरनेट, वर्ल्डवाईड वेब, जीपीएस ही अशा प्रकारची काही ठळक उदाहरणं.

गेली काही वर्षं या प्रतिष्ठेच्या पुरस्कारविजेत्यांची निवड करणाऱ्या समितीचा सदस्य होण्याचं भाग्य मला लाभलं आहे. ही निवड आम्ही कशी करतो? तर एक साधा प्रश्न विचारून. या पुरस्कारासाठी विचारात घेतलं जाणारं तंत्रज्ञान विकसित झालंच नसतं, तर त्याचा नेमका कोणता परिणाम साऱ्या जगाच्या उलढालीवर झाला असता? ज्या तंत्रज्ञानाच्या वापरापोटी जगरहाटी आमूलाग्र बदलून गेली आहे, अशांचाच विचार पुरस्कारासाठी केला जातो. असा प्रभाव नसेल तर पुरस्कार मिळत नाही.

या पुरस्काराच्या सर्वांत पहिल्या विजेत्याचं उदाहरण बोलकं आहे. त्या वेळी निवड समितीने एक साधासा वाटणारा प्रश्नच विचारला असावा. 'जर इंटरनेट अस्तित्वात आलंच नसतं तर...' जगरहाटी आजच्यापेक्षा वेगळी झाली असती का?

महाराणी एलिझाबेथ पुरस्कारासाठी पायाभूत असलेल्या या 'जर-तर'च्या प्रश्नांनीच डॉ. बाळ फोंडके यांच्या या विस्मयकारी पुस्तकात मध्यवर्ती भूमिका वठवली आहे.

जर ट्रान्झिस्टरचा शोध लागलाच नसता तर...? डॉपलर रडार प्रत्यक्षात आलंच नसतं तर...? अशा अनेक प्रश्नांचा मागोवा त्यांनी घेतला आहे. आणि ते प्रश्न केवळ तंत्रज्ञानापुरतेच मर्यादित नाहीत. त्या पलीकडे जात ते विचारतात, जर सूक्ष्मजीवांचा उदय झाला नसता तर...? जर धरतीवर निरनिराळे ऋतू अवतरले नसते तर...? जर ओझोनचं कवच लाभलं नसतं तर...? जर आपल्याला हृदयच नसतं तर...? जर चंद्रच नसता तर...?

गमतीचा भाग असा, की माझ्या या प्रस्तावनेची नांदी ज्या प्रश्नानं मी केली आहे, त्या प्रश्नानंच डॉ. बाळ फोंडके यांनी या पुस्तकाचा श्रीगणेशा केला आहे. 'जर इंटरनेट नसतं तर...?'

खरं पाहायला गेलं तर 'जर इंटरनेट नसतंच तर' या प्रश्नाचं उत्तरही इंटरनेटनेच दिलं आहे. आजकाल रिजनरेटिव्ह आर्टिफिशियल इंटेलिजन्सचा बोलबाला आहे. मी चॅटजीपीटीला नेमका हाच प्रश्न विचारला. त्यातून मिळालेलं उत्तर मी खाली उद्धृत करतो.

"जर इंटरनेटचा शोध लागला नसता तर पोस्टातलं टपाल, लँडलाईन टेलिफोन यांसारख्या परंपरागत संपर्कसाधनांचाच वापर करावा लागला असता. त्यापायी जगभर आणि तत्काळ संपर्क साधणं अशक्यच झालं असतं. कोणत्याही प्रकारची माहिती मिळवण्यासाठी तसंच ज्ञानसाधनेसाठी आपल्याला नेहमीच्या पुस्तकांवर, ग्रंथालयांवर आणि मुद्रित साहित्यावरच अवलंबून राहावं लागलं असतं. त्यापायी शिक्षण आणि संशोधन यांच्या संधी सीमितच राहिल्या असत्या. घरपोच खरेदी करू देणारी डिजिटल बाजारपेठ उभीच राहिली नसती. भौगोलिक अंतर पार करणारी समाज माध्यमं आणि त्याच्या मदतीनं गोळा होणारी आभासी मित्रमंडळं कशी प्राप्त झाली असती! त्यातून एकमेकांना जोडणाऱ्या आणि विचारांची देवाणघेवाण शक्य करणाऱ्या व्यवस्थेची मुहूर्तमेढच रचली गेली नसती. कोरोनाच्या महासाथीच्या संकटकाळात जीवनावश्यक ठरलेली इ लर्निंग आणि घरबसल्या शिक्षण देणारी प्रणाली शक्य झाली नसती."

चॅटजीपीटीच्या या विवेचनानंतर मी डॉ. बाळ फोंडके यांच्या निवेदनाकडे वळलो. चॅटजीपीटीचं उत्तर सर्वसमावेशक असलं तरी मला ते रूक्ष वाटलं. त्यात मित्रत्वाच्या ओलाव्याचा अभाव होता. पण डॉ. बाळ फोंडके यांच्या उत्तराला मानवी चेहरा आहे. ते

यांत्रिकता टाळून व्यक्तींव्यक्तींमधल्या संवादाचं रूप घेणारं आहे, बैठकीतल्या गप्पांसारखं सरळ सोप्या भाषेतलं आहे. हरघडीच्या अनुभवांचा स्पर्श त्याला आहे. त्यामुळे ते समजण्यात कोणतीही अडचण येत नाही.

तेच या महान पुस्तकाचं सामर्थ्य आहे. आपल्या दैनंदिन जीवनातल्या घडामोडींशी निगडित असलेला विज्ञानाचा संबंध उलगडून दाखवणारे अनेक प्रश्न त्यांनी विचारात घेतले आहेत. जर आपले डोळे कोरडे पडले तर...? जर आपली गंधसंवेदना नाहीशी झाली तर...? आपल्या हातांना अंगठाच नसता तर...? वरवर साध्या वाटणाऱ्या या प्रश्नांना विज्ञानाची सखोल पार्श्वभूमी आहे. ती डॉ. फोंडके मोठ्या खुबीनं विशद करतात.

यापुढं जात ते काही गहन प्रश्नही विचारात घेतात. जर पृथ्वीचा आकार दुप्पट झाला तर...? धरती अधिक वेगानं परिभ्रमण करू लागली तर...? सूर्य विझायला आला तर...? जर एखादा लघुग्रह पृथ्वीवर येऊन आदळला तर...? आपल्या विश्वाचा गाडा सुरळित चालू ठेवण्यात कळीची भूमिका बजावणाऱ्या निसर्गाच्या विविध बळांची महत्ता ते प्रासादिक भाषेत सांगतात.

डॉ. बाळ फोंडके यांचं हे अतिशय मौलिक योगदान आहे. त्याविषयी बरंच काही लिहिता येईल. मी फक्त एवढंच म्हणेन, की या 'जर-तर'च्या प्रश्नांमध्ये असलेल्या प्रचंड शक्तीचं दर्शन त्यांनी घडवलं आहे. असं मी का म्हणतो?

डॉ. फोंडके यांनी दाखवून दिलं आहे की 'जर-तर'मध्ये कुतूहल जोजवण्याचा, त्याचं निराकरण करणारा शोध घेण्याचा आणि त्यातून होणाऱ्या नवनिर्मितीच्या जगात प्रवेश करण्याचा मार्ग सापडतो. त्यायोगे या आपल्या जगाचं आकलन अधिक स्पष्ट व्हायला मदत होते. या 'जर-तर'ला प्रोत्साहन देत त्या विचारांचा अंगीकार केल्यास आपलं भविष्य अधिक उज्ज्वल करणाऱ्या नवनिर्मितीला चालना मिळते.

आपल्या सध्याच्या अपुऱ्या आकलनात नसलेल्या शक्यतांची, तसंच त्यांचा पाठपुरावा करण्याची वाट सापडण्यासाठी 'जर-तर'पासूनच सुरुवात होते, हेच डॉ. फोंडके अधोरेखित करत आहेत. सहज सुचणाऱ्या कल्पनांमध्ये अडकून न पडता त्यापलीकडच्या प्रदेशांचा वेध घेण्यानंच कोणालाही पर्यायी विश्वाची ओळख करून घेता येते. ती झाली की त्या शक्यतांचं परिवर्तन प्रत्यक्षात करण्याचे मार्गही दिसू लागतात.

'जर-तर' आपल्या कल्पनाशक्तीला आवाहन करत आजवर जिथं कोणीही गेलं नाही अशा जगात पोहोचण्याची दुर्दम्य इच्छा जागवतात. आपल्यामध्ये सूप्तपणे वावरणाऱ्या प्रतिभेला ते आव्हान देतात. 'जर-तर'चा ध्यास घेतल्यास चिकित्सक वृत्तीनं निरनिराळ्या प्रसंगांचं आणि त्यांच्या संभाव्य परिणामांचं विश्लेषण आपण करू शकतो. त्यातूनच मग गुंतागुंतीच्या विषयांचं आपलं आकलन वृद्धिंगत होत जातं.

आपल्याला छळणाऱ्या विविध समस्यांचं निराकरण करण्याचं एक जगावेगळं साधन

या 'जर-तर'मध्ये दडलेलं आहे. तेच आपल्याला त्या समस्यांवरच्या, एरवी आपण ज्यांचा विचारही केला नसता अशा, उताऱ्यांचा वेध घ्यायला उद्युक्त करतं. त्यासंबंधीची रणनीती आखण्याला मदत करतं. आपल्या पूर्वग्रहांची जळमटं झाडून टाकत 'जर-तर' आपल्याला इतर शक्यतांचा खुल्या मनानं स्वीकार करायला मदत करतं.

आजवर गूढ वाटणाऱ्या घटनांचा कार्यकारणभाव समजून घेणं, त्याचा वेध घेणं आणि त्यातून आपल्या ज्ञानात भर घालणं, हेच कुतूहलाचं प्रयोजन आहे. 'जर-तर' या नैसर्गिक कुतूहलप्रवृत्तीचा स्फुल्लिंग चेतवत नवनव्या उत्तरांचा, शक्यतांचा आणि नजरेआड राहिलेल्या सत्याचा वेध घेण्याची ईर्षा निर्माण करतं. 'जैसे थे'ला कवटाळून बसण्याच्या प्रवृत्तीला छेद देत आगळ्यावेगळ्या शक्यतांचा विचार करायला 'जर-तर' भाग पाडतं. सर्जनशील विचाराला चालना देत ते नवनिर्मितीच्या प्रवासाला जाण्याच्या इच्छेला बढावा देतं.

अध्ययन, संशोधन आणि नवोन्मेषशाली निर्मिती या क्षेत्रांसाठी डॉ. फोंडके यांचं हे पुस्तक मौलिक देणगीच ठरावी. आपल्या शिक्षण प्रणालीत 'जर-तर'सारखे प्रश्न अहम् भूमिका बजावतात. तेच आपल्या शिक्षणाला मुमुक्षू आणि अर्थवाही बनवतात. 'बाबा वाक्यं प्रमाणम्' न मानता चिकित्सक वृत्तीनं वेगळ्या वाटेनं विचार करायला प्रवृत्त करतात. आजवर जगानं न पाहिलेल्या साधनांच्या निर्मितीला प्रोत्साहन देतात.

वैज्ञानिक संशोधनात तर हे 'जर-तर'सारखे प्रश्न कळीचे असतात. नवनव्या सिद्धांतांची पायाभरणी करण्यासाठी त्यांना पर्याय नसतो. वैज्ञानिक याच प्रश्नांच्या शिडीनं नित्यनूतन सिद्धांतांपर्यंत पोहोचतात. रॉबर्ट फ्रॉस्टनं म्हटलंच आहे,

> "Two roads diverged in a wood, and I—
> I took the one less traveled by,
> And that has made all the difference."

नेहमीची मळवाट सोडून खराखुरा फरक घडवणाऱ्या अनोख्या वाटेनं मार्गक्रमणा करायची तर 'जर-तर'चाच हात धरण्यावाचून गत्यंतर नाही. तसं केल्यानंच मानवजातीची उत्क्रांती आणि प्रगती झाल्याची साक्ष इतिहास आपल्याला देतो.

या पथदर्शी आणि नवविचारांचा वेध घेण्याची ईर्षा निर्माण करणाऱ्या लेखनासाठी मला माझे जिवलग मित्र डॉ. बाळ फोंडके यांचं अभिनंदनही करावंसं वाटतं आणि त्यांचे आभारही मानायचे आहेत. कारण प्रगल्भ वृद्धी आणि शाश्वत विकासाची आधारशिला असणाऱ्या कुतूहल, सर्जनशीलता आणि नवनिर्मिती या त्रयीला ते चालना देतात.

गेली कित्येक दशकं त्यांनी दिलेल्या अनोख्या योगदानाचा मी निस्सीम चाहता आहे. पण हे दोन विलक्षण ग्रंथ ही त्यांची भारतीय विज्ञानाला दिलेली सर्वांत महत्त्वाची देणगी आहे, अशीच माझी भावना आहे.

– **डॉ. रघुनाथ माशेलकर**

मनोगत

आपल्या आसपास अनेक घटना घडत असतात. काही नैसर्गिक असतात तर काही मानवनिर्मित असतात. आपण त्या अनुभवतो, त्यांचा आस्वादही घेतो. पण त्यांच्याविषयी का, कसं वगैरे प्रश्न मनातही उभे करत नाही. आपण त्या घटना गृहीतच धरतो. त्या तशा न होण्याची कल्पनाही आपण करत नाही. 'नेमेचि येतो मग पावसाळा/हे सृष्टीचे कौतुक जाण बाळा', हा उपदेश आपल्या मनावर इतका बिंबवलेला असतो की तसा तो नेमेचि आला नाही तर काय होईल, याचा विचारही आपल्या मनाला शिवत नाही. पण तशी परिस्थितीही उद्भवते आणि आपण भांबावून जातो. आपला आत्मविश्वास गमावून बसतो. तो नेम न साधल्यानं काय होणार आहे याची पूर्वकल्पना मिळाली तर त्यानंतर आलेल्या विपरीत परिस्थितीवर काय उपाययोजना करायची याचं थंड माथ्यानं विश्लेषण करून त्याचा आराखडा आपल्याकडे तयार असू शकतो. त्या परिस्थितीला हताशपणे शरण न जाता त्यावर कशी मात करायची हे निर्धारित करू शकतो.

त्यापायीच मग 'जर असं झालं तर' किंवा 'जर असं झालं नाही तर?' अशा प्रश्नांची तर्कसंगत उत्तरं मिळवण्याची निकड भासू लागते. विज्ञानात असा पाठपुरावा नेहमीच केला जातो. त्याचा परिणाम म्हणूनच विज्ञान तंत्रज्ञान क्षेत्रात प्रगती होत राहते. नित्यनूतन आविष्कार पुढे येतात. परंतु विज्ञान हे प्रगत शक्तिमान सूक्ष्मदर्शकांच्या मदतीनं ज्यांचं दर्शन होत नाही अशा अणूरेणूंच्या अंतरंगात होणाऱ्या घडामोडींपुरतंच किंवा अवकाशात दूरदूर असणाऱ्या ग्रहगोलांच्या अंतरंगात होणाऱ्या आवर्तनांपुरतंच मर्यादित आहे, अशी समजूत बालपणापासूनच करून दिली गेल्यामुळे, ते अनाकलनीयच आहे असं मानून त्याच्याविषयी धास्ती घेतली जाते किंवा अनास्था दाखवली जाते. तसं केल्यानं आपण आपलंच नुकसान

करून घेत आहोत याचं आकलन होत नाही. ते दूर करण्यासाठीच विज्ञानतंत्रज्ञानाशी दोस्ती करणंच अंतिमतः आपल्या हिताचं आहे.

एक काळ असा होता, की आपल्या ज्ञानभांडारात मोलाची भर घालण्यासाठीच विज्ञानाची कास धरली जात होती. निसर्गाच्या आविष्कारांचं गूढ उलगडण्यासाठीच संशोधनाचा पाया रचला जात होता. पण आज आपण विज्ञानयुगात वावरतो आहोत. विज्ञानाच्या नवनवीन आविष्कारांचा आणि त्याचं बोट धरून येणाऱ्या तंत्रज्ञानाचा आपल्या रोजच्या जीवनावर प्रभाव पडत असतो. आपल्याला ते आवडो वा न आवडो. मग त्याविषयी अज्ञानी राहून काय साध्य होईल! जर तरच्या गोष्टी केल्यानं आपण तो अंधःकार दूर करू शकतो.

संगणकाच्या आज्ञावलीत तर या जर तरच्या गोष्टींना प्राधान्यच दिलं जातं. सुरुवात होते एकाच प्रश्नातून. त्याचं उत्तर जरच्या रुपात मिळवलं जातं. तसं झालं तर पुढे कोणती चाल खेळायची आणि नाही झालं तर कोणता पवित्रा घ्यायचा याचा निर्णय घेऊन पुढचं पाऊल टाकलं जातं. बुद्धिबळाच्या खेळातही खेळाडू मनातल्या मनात असाच विचार करत असतो. प्रतिस्पर्ध्यांनं आपण खेळलेल्या चालीवर कोणती प्रतिचाल करण्याची शक्यता आहे, याचा अंदाज घेतला जातो. तो खरा ठरला तर आपण काय करायचं आणि खोटा ठरला तर काय करायचं याचा निर्णय सराईत खेळाडू प्रतिस्पर्ध्यानं आपलं प्यादं पुढं सरकवण्याआधीच घेत असतो.

असेच काही प्रश्न घेऊन त्यांची तर्कसंगत संभाव्य उत्तरं देण्याचा प्रयोग मी 'सकाळ साप्ताहिक'साठी २०२१-२०२२ अशी दोन वर्षं लिहिलेल्या सदरात केला होता. विषय अर्थात विविध क्षेत्रांतले होते. पण त्या सर्वांशी तुमचा आमचा संबंध कधी ना कधी आलेला होता. ज्या सुविधा आपण गृहीत धरतो त्या जर एकाएकी ठप्प झाल्या तर कोणताही अनर्थ होऊ न देता किंवा त्या पायी आपलं मनोबल हरवू न देता त्या परिस्थितीचा सामना समर्थपणे करण्याची क्षमता आपण धारण करू शकतो. अलीकडेच असा एक प्रसंग माझ्या मित्रावर आला होता. त्याला अकस्मात अतिशय थकवा जाणवू लागला. डॉक्टरांकडे गेल्यावर त्यांनी गंभीर चेहरा करत त्याला तत्काळ इस्पितळात अतिदक्षता विभागात दाखल करून घेतलं. निदान केलं कन्जेस्टिव्ह हार्ट फेल्युअरचं. साहजिकच कुटुंबातली मंडळी धास्तावून गेली. हे काय आक्रित झालं हे त्यांना कळेना. छातीत दुखत असल्याची कोणतीच तक्रार त्यानं केली नव्हती. मग असं कसं झालं?

त्यासाठी वैद्यकीय भाषेत ज्याला हार्ट फेल्युअर म्हणतात त्याचा नेमका अर्थ काय असतो हे समजून घेण्याची आवश्यकता होती. तसंच जर ते झालं तर काय करायला हवं, कोणतं पथ्य पाळायला हवं याचीही माहिती असण्याची गरज होती. अशा अनेक 'जर-तरच्या गोष्टी' आपल्या दैनंदिन जीवनात घडत असतात. त्यांची ओळख करून देण्याचाच माझा मानस आहे. वाचकांची पसंती त्याला मिळेल ही अपेक्षा.

अनुक्रमणिका

निसर्ग विज्ञान – तंत्रज्ञान

। १ ।

इंटरनेट नसेल तर...?

कोविड येण्यापूर्वी वर्षभरापूर्वी आपण आपल्या अनेक व्यवहारांसाठी, रोजच्या गरजा भागवण्यासाठी उंबरठे ओलांडतच होतो. त्याशिवाय जगणंच अशक्य झालं असतं. आज त्या लक्ष्मणरेषेचा अडथळा आल्यानंतर जगायचं कसं, कोविड काळात त्यावर बंधने आल्यानंतर, असा सवाल साहजिकच खडा झाला. पण अल्लादिनला सापडला होता तसाच एक जादुई दिवा आपल्या मदतीला धावून आला. त्या दिव्यातून निघालेल्या जिनचं आजचं नाव आहे 'इंटरनेट'.

या इंटरनेटनं काय केलं नाही? त्यांं आपली चूल पेटती ठेवली. आपली थाळी रिकामी राहणार नाही, याची व्यवस्था केली. किराणा म्हणू नका, भाजीपाला म्हणू नका, मधल्या वेळचं खाणं म्हणू नका, सारं काही त्या लक्ष्मणरेषेच्या आतच पोचेल अशी तजवीज केली. त्याची किंमत चुकविण्यासाठी पैसे हवेत? त्याचीही सोय केली.

कामासाठी लळतलोंबत वेळेवर ऑफिसात पोचण्याची कसरत करणं बाद केलं. उशिरा पोचलो म्हणून साहेबाची बोलणी खायला नकोत की संध्याकाळी घरी परतायला उशीर झाला म्हणून बायकामुलं रुसायला नकोत. घरच्या घरी आरामात बसून सगळं काम पार पाडणं शक्य केलं. बाळगोपाळांसाठी तर शाळाच घरात आणून ठेवली.

पण समजा ही इंटरनेट नावाची जादूची कांडी कायमची नाहीशीच झाली तर...? नाही, नाही, असे घाबरेघुबरे होऊ नका. तसं काही होणार नाहीय. पण कल्पना करा इंटरनेटच नसतं तर काय केलं असतं? तसंच पाहिलं तर इंटरनेट नेहमीच होतं असं नाही. अवघ्या वीस पंचवीस वर्षांपूर्वी ते जवळजवळ नव्हतंच. १९९५मध्ये जगातल्या केवळ एक टक्का लोकांकडे इंटरनेट होतं. आज पंचवीस वर्षांनंतर जगभरातली साडेतीन अब्ज मंडळी इंटरनेटचा वापर करत आहेत. म्हणजे एकूण लोकसंख्येच्या पन्नास टक्के. तेव्हा ते बंद पडलं किंवा नाहीसंच झालं तर काय गोंधळ उडेल याचा विचार करा.

ख्यातनाम अशा स्टॅनफर्ड विद्यापीठातल्या प्राध्यापक जेफ हॅनकॉकना त्याचा

अनुभवच आला. त्यांनी एकदा आपल्या विद्यार्थ्यांना एक असाईनमेन्ट दिली. तब्बल अट्ठेचाळीस तास इंटरनेटपासून दूर राहायचं, त्याचा कशासाठीही वापर करायचा नाही आणि त्यापायी त्यांना आलेले अनुभव शब्दबद्ध करायचे. पण बघतात तर काय सारा वर्गच त्यांच्याविरुद्ध बंड पुकारून उभा राहिला. एक वेळ निर्जळी उपोषण करू; पण हे जमणार नाही, असं त्यांनी निक्षून सांगितलं. आणि प्राध्यापकांनी हट्टच धरला तर त्यांच्याविरुद्ध वरिष्ठांकडे तक्रार करू, अशी धमकीही द्यायला विद्यार्थी विसरले नाहीत.

त्या विद्यार्थ्यांना जे भयाण दिव्य दिसलं तेच आपल्यालाही आज दिसेल. अरे साधं मुंबईहून पुण्याला किंवा नाशिकला जायचं तर रेल्वेचं तिकीट काढण्यासाठी स्टेशनवर जाऊन लांबलचक रांगेत तासन्तास उभं राहावं लागेल. सिनेमाचं तिकीटही थिएटरच्या खिडकीवरच काढावं लागेल. आणि रांगेमध्ये तासभर काढल्यानंतर खिडकीजवळ पोचताच 'हाऊस फुल'चा बोर्ड पाहावा लागेल. समजा तुमच्या मित्रानं तुम्हाला जेवायला बोलावलंय तर त्याच्या घरी कसं जायचं याचा सगळा पत्ता व्यवस्थित माहिती असायला हवा. कोणतंही जीपीएस तुमच्या मदतीला येणार नाही.

नुसती कल्पना करताच घाम फुटला ना! तेही करावं लागलं तर करूच असं म्हणाल तर सध्याच्या लक्ष्मणरेषेच्या काळात तेही शक्य नाही. पण आज ना उद्या हा कोरोना जाईलच. आता तर लसही लवकरच मिळण्याची आशा आहे. तेव्हा लक्ष्मणरेषा पुसट होईल. तरीही इंटरनेटची सवय झालीय ती सुटेल का?

अर्थात काही मंडळी म्हणतात बरंच होईल हे नतद्रष्ट इंटरनेट गायब झालं तर...? मुलांना, तरुणांना त्याचं व्यसनच लागल्यासारखं झालं आहे. कोरोनाची लक्ष्मणरेषा नसतानाही ती घरकोंबडीच झाली होती. सतत हातातल्या चिमुकल्या पडद्यावर कोणता तरी भयानक व्हिडिओ गेम खेळत होती. फेसबुक, इन्स्टाग्रामला चिकटून होती. ते नाही तर सतत ट्विवट्विवाट. खूळ नुसतं! इंटरनेट नसल्यावर कसे बाहेर पडून मोकळ्या हवेत मैदानी खेळ खेळतील. मग सर्वबाद ३६ची अवकळा येणार नाही. मित्रमैत्रिणींना, नातेवाइकांना उराउरी भेटतील. गप्पागोष्टी करतील. विचारांची देवाणघेवाण होईल. नाहीतरी माणूस हा कळप करून राहणारा आहे. चारचौघांत मिसळल्याशिवाय त्याची मानसिक वाढ पक्की होत नाही. आभासी जगातली भेट म्हणजे अश्वत्थाम्याला पाजलेलं दूध. नुसतंच पाणी मिसळलेलं पीठ.

यावर कोणी म्हणेल, कशाला हवं भेटायला! तिथं काही प्रगल्भ विचारांची देवाणघेवाण होत नाही. नुसत्याच बाजारगप्पा होतात. नुसत्याच सांगोवांगीच्या गोष्टी होतात. खरंय. पण गॉसिप काही वाईट नाही, असंच रॉबिन डनबार सांगतील. समाजजीवनाला स्थैर्य लाभायचं असेल तर या गॉसिपचीच गरज असते. एवढंच सांगून ते थांबलेले नाहीत. तर आपली भाषा विकसित झाली तिलाही हे गॉसिपच कारणीभूत

झालं हे त्यांनी सिद्धच करून दाखवलं आहे.

हे इंटरनेट चोवीस तास आणि तिन्हीत्रिकाळ चालू असल्यामुळे झोपेचंही खोबरं होतंय. कारण तुमची मुलगी असते अमेरिकेत. ती तिच्या दिवसाकाठी तुम्हाला त्या झूम की फूमवरून बोलावते. पण इथं तुमची झोपेची वेळ झालेली असते. कसेबसे डोळे उघडे ठेवण्यासाठी तुम्ही धडपड करता. आणि तिच्याबरोबरच्या त्या गप्पागोष्टी झाल्यावर परत काही डोळ्याला डोळा लागत नाही. कशाला हवंय ते इंटरनेट! नसलेलंच बरं!

ज्यांना आयुष्याच्या संध्याकाळात नवीन बदल आत्मसात करणं जमत नाही अशीच मंडळी असा विचार करताहेत असं नाही. आजच वर्क फ्रॉम होम करणारेही तसंच म्हणताहेत. कारण ते ऑफिसच्या वातावरणाला मुकताहेत. तिथं सहकाऱ्यांबरोबर विचारांची देवाणघेवाण केल्यानं, हास्यविनोद केल्यानं कार्यक्षमता वाढते असाच त्यांचा अनुभव आहे. मुलंही शाळेत सवंगड्यांबरोबर खेळणं, त्यांच्याकडून काही नवीन शिकणं, वेगळ्या अनुभवांची माहिती घेणं करू शकत नाही.

तेव्हा इंटरनेट नसल्याचे सर्वच तोटे आहेत असं नाही. काही फायदेही जरूर आहेत. तरीही इंटरनेटचा एकंदरीत देशाच्या विकासाला जो हातभार लागतो, अर्थव्यवस्था अधिक बळकट करण्यासाठी जो उपयोग होतो, त्याकडे दुर्लक्ष करता येणार नाही. मात्र आपण इंटरनेटचं गुलाम बनून चालणार नाही, उलट त्यालाच गुलामाच्या पातळीवर ठेवायला हवं. शेवटी काय, इंटरनेट एक सुविधा आहे. ते चांगलंही नाही आणि वाईटही नाही. त्याचा वापर आपण कसा करतो यावर त्याचं बरेवाईटपण ठरणार आहे. खरं ना?

काळ उलटा फिरला तर..!

आमचा ग्यानबा म्हणजे एक भन्नाट गडी आहे. तसा बुद्धिमान पण चाकोरीतून जायला तो तयार नसतो. त्यामुळेच त्याला अनेक प्रश्न पडतात. त्यांची उत्तरं देता देता पालक आणि शिक्षक दोघांनाही घाम फुटतो. त्यामुळे मग घरी त्याचा आवाज दडपून टाकला जातो. शाळेत तर काय शिक्षक त्याला वर्गाबाहेर जाण्याची शिक्षा देतात. त्याचे प्रश्न तसे वरवर विक्षिप्त वाटले तरी त्यापाठीमागे काही तर्कसंगती असते याचा विचारच कोणी करत नाही.

ग्यानबा परवा असाच आला आणि भिंतीवरल्या घड्याळाकडे एकटक पाहत राहिला. थोड्या वेळानं त्यानं विचारलं, ''हे घड्याळाचे काटे असे डावीकडून उजवीकडेच का फिरतात?''

''म्हणजे, म्हणायचंय काय तुला?''

''म्हणजे ते उलटे, उजवीकडून डावीकडे, का नाही फिरत?''

''अरे, पण मग आपल्याला वेळ कशी कळणार?''

''का नाही कळणार? ते तासांचे आकडे आहेत ना त्यांचीही अदलाबदल करायची, उलटे लावायचे.''

त्याचं म्हणणं तसं बरोबरच होतं. तसं केलं तरी वेळ व्यवस्थित समजली असतीच. काटे डावीकडून उजवीकडे फिरण्याची पद्धत पडली, सवय झाली एवढंच. ते उलटे असले तरी घड्याळ वेळ दाखवण्याचं काम चोख बजावेलच.

घड्याळाचं ठीक आहे. त्याचे काटे असे उलटेसुलटे करता येतील. पण काळही असाच उलटा फिरू शकेल का? तसं झालं तर काय होईल? आपण पाहतो, काळाचा प्रवास एकाच दिशेनं होत असतो. भूतकाळाकडून भविष्याकडे. कालकडून उद्याकडे. उलटा नाही. तोही एक प्रघात आहे म्हणूनच की त्यापाठीही काही तत्त्व आहे?

भौतिकशास्त्रज्ञांना हाच प्रश्न पडला होता. काय होईल काळ असा उलटा वाहायला

लागला तर...? त्यांनी या विश्वाचा कारभार ज्या काही नियमांनुसार चालतो त्यांचा वेध घेतला. ते नियम ज्या गणिती समीकरणांमध्ये बांधून टाकले आहेत ती सगळी तपासून पाहिली. त्यात काळाला उणे चिन्ह लावून ती गणितं केली. काही फरक पडला नाही. सगळी समीकरणं सुसंगत उत्तरंच देत होती. म्हणजे काळ उलटा चालायला लागला तरी त्या नियमांनुसार चालणारा विश्वाचा गाडा अडकून पडणार नाही याची त्यांना खात्री पटली.

मात्र, याला एक अपवाद त्यांना सापडला. एक नियम काळाच्या उलट्या फिरण्यापायी मोडून पडेल हे दिसून आलं. एरवी त्याची फारशी फिकीर केली गेली नसती. पण तो नियम अतिशय कळीचा आहे. मूलभूत आहे. सारा डोलारा त्याच्यावरच अवलंबून आहे म्हणाना. कारण हे विश्व ज्या अणुरेणूंचं बनलेलं आहे त्यांच्या मूळ प्रवृत्तीचंच वर्णन तो नियम करतो.

त्या नियमाला वैज्ञानिक भाषेत उष्मा-गतिकीचा दुसरा नियम म्हणतातः सेकंड लॉ ऑफ थर्मोडायनॅमिक्स. काय सांगतो हा नियम? तो सांगतो, की या अणुरेणूंना सुसंबद्ध स्थितीऐवजी गोंधळाची स्थितीच आवडते. नीटनेटकेपणाऐवजी पसाराच पसंत असतो. वैज्ञानिक भाषेत सांगायचं तर जेव्हा कोणतीही घटना घडते तेव्हा त्या एकंदरीत संकुलाची एन्ट्रॉपी वाढते. आता एन्ट्रॉपी म्हणजे काय, असा प्रश्न पडत असेल तर तो विसरा. कारण त्याचं सहजतेनं समजेल असं उत्तर भल्याभल्या दिगजांना देता आलेलं नाही. गणिताच्या भाषेत ते सांगता येतं. पण गणिताचं आणि तुमच्याआमच्यासारख्या येरागबाळ्यांचं तर जन्मजात वाकडंच. तेव्हा नीटनेटकेपणा म्हणजे सर्वांत कमी एन्ट्रॉपी आणि पसारा होणं म्हणजे एन्ट्रॉपी वाढणं एवढं आपल्याला समजायला पुरेसं आहे.

आणि ही या विश्वाची मूलभूत प्रकृती आहे याची प्रचिती आपल्याला आपल्या नेहमीच्या व्यवहारात कितीतरी वेळा मिळते. तुमच्या हातात एक अंडं असतं. नीटनेटकं. त्याला एक सुसंबद्ध घाट असतो. त्यातला पांढरा द्रव पिवळा बलक आपापल्या जागी

व्यवस्थित असतात. पण बघता बघता ते हातातून निसटतं आणि जमिनीवर पडून फुटतं. त्याच्या कवचाचे बारीक बारीक वेगवेगळ्या घाटाचे आणि निरनिराळ्या आकारमानाचे तुकडे होतात. पांढरा द्रव वेडावाकडा पसरायला लागतो. पिवळा बलकही थोडाफार ओघळायला लागतो. एक सुघटित व्यवस्थेकडून अस्ताव्यस्त स्थितीकडे प्रवास सुरू होतो. आपल्याच वेंधळेपणाला दोष देत आपण तो गोंधळ आवरण्याचा आणि जमीन पुसून स्वच्छ करण्याचा विचार करायला लागतो. पण अंड्याचं ते फुटणं आणि फुटल्यावर असा गोंधळ होणं यात आपल्याला काही विचित्र वाटत नाही. ते नैसर्गिक आहे हे आपल्याला पटलेलं असतं.

तो सारा पसारा परत एकत्र येत त्याच्यापासून परत ते अंडं तयार होईल अशी भन्नाट कल्पना जरी आपल्या मनात आली तरी ते शक्य नाही याची जाणीव आपल्याला असतेच. अंडं आधी एकसंध असतं आणि फुटल्यानंतरच ते असं विभागलं जातं. अंड्याचं एकसंध असणं हा भूतकाळ तर फुटून ते विखुरणं हा भविष्यकाळ. प्रवास भूतकाळापासून भविष्याकाळाकडेच होतो. काळ असाच पुढंपुढंच जातो. त्याच्या उलट व्हायचं तर मग काळही उलटा फिरला पाहिजे. अंडं फुटणं हा भूतकाळ आणि त्याचं एकसंध असणं हा भविष्यकाळ, असं होत नाही. काळ असा उलटा फिरत नाही. कारण या विश्वाची नैसर्गिक धारणाच मुळी तशी आहे. भांड्यातल्या पाण्याचा सुविहित आकृतिबंध असतो. ते लवंडलं की कसंही वाट फुटेल तसं पसरत जातं. ते उलटं फिरून एकत्र येत परत त्या भांड्यात जाऊन बसत नाही. आपण तशी अपेक्षाही धरत नाही. कारण तशी अपेक्षा करणं म्हणजे काळ उलटा फिरावा अशी अपेक्षा करण्यासारखंच आहे.

तसा तो फिरला तर गोंधळ माजणार नाही. उलट अस्ताव्यस्तपणाकडून नीटनेटकेपणाकडे प्रवास होईल असं आपण म्हणू कदाचित. पण तसं झालं तर या विश्वाचं काय होईल याचाही विचार करा जरा. या विश्वाची उत्पत्ती एक महाविस्फोटातून झाली हे आता सर्वमान्य आहे. तो होण्यापूर्वी सगळं कसं एक बिंदूत सामावलेलं होतं. महाविस्फोट झाल्यानंतर ते सारं उधळलं गेलं, विखुरलं गेलं, प्रसरण पावत गेलं. अजूनही ते प्रसरण पावतंच आहे. पण त्यातूनच या विश्वाला काही आकार आला. निरनिराळ्या आकाशगंगा तयार झाल्या, ग्रहतारे निर्माण झाले, सजीवांची उत्पत्ती झाली. काळ उलटा फिरायला लागला तर मानवजात परत वानरप्रजातीकडे प्रवास करेल आणि तसाच मग डायनोसॉरपर्यंत आणि त्याही पलीकडे निर्जीव पृथ्वीकडे वाटचाल होईल. तशी होण्याची शक्यता नाही हे वैज्ञानिकांनी गणित मांडून तसंच काही प्रयोग करून दाखवून दिलं आहे.

त्यांचं म्हणणंच खरं ठरो आणि काळ उलटा न फिरो अशीच आशा आपण करू या.

| ३ |

विमानावर वीज कोसळली तर..!

धुवांधार पाऊस कोसळत असतो. सरीवर सरी वेगानं येत धरतीवर तांडव नृत्य करत असतात. साथीला ढगांचा गडगडाट आणि विजांचा कडकडाट असतोच. समोरचं काही नीटसं दिसतच नाही. अशा परिस्थितीत रस्त्यावरून गाडी चालवणंही मुश्कील होऊन जातं. मग आकाशातून अगडबंब विमानांचं सारथ्य ते वैमानिक कसे करत असतील, याचं नेहमीच आश्चर्य वाटत राहतं. त्यातही एक सवाल तर भयभीत करणाराच असतो. जर या विमानावर वीज कोसळली तर! एखाद्या झाडावर ती कोसळली तर त्याचा क्षणार्धात कोळसा होत असल्याचं आपण पाहिलेलं असतं. मग ज्याचं अंगच मुळी विद्युतवाहक धातूचं बनलेलं आहे त्या विमानाची काय अवस्था होत असेल, हा विचारही थरकाप उडवून जातो.

हा काही त्या झोडपणाऱ्या पावसासारखा वेडावाकडा विचार नाही. वर्षभरात किमान एकदा तरी प्रत्येक विमानाला विजेचा धक्का बसत असतो, असं अमेरिकेत केल्या गेलेल्या एका सर्वेक्षणातून दिसून आलं आहे. ज्या वेळी असा गडगडाटी पाऊस पडत असतो त्या वेळी ढगांवर विद्युतभार जमा होत असतो. त्या परिस्थितीत जेव्हा एखादं विमान त्यातून प्रवास करत असतं तेव्हा त्याची त्या जमा झालेल्या विद्युतभाराशी विक्रिया होऊन वीज उदयाला येत असते. म्हणजे एका अर्थी विमानाचं त्या वेळी उड्डाण करणं हेच मुळी विजेला आमंत्रण देत असतं. विमानाच्या अंगावर धारदार कडा असलेले जे भाग असतात तिथं प्रामुख्यानं विजेचा लोळ उत्पन्न होतो; पण तो विरुद्ध दिशेनं निघून जातो. आजवर फक्त एकदाच वीज कोसळल्यामुळे विमानाचा नाश झाला आहे. १९६७मध्ये त्या विमानावर वीज कोसळल्यामुळे इंधनाच्या टाकीत ठिणगी उडाली आणि त्यातून जो भडका उडाला, स्फोट झाला त्यापायी त्या विमानाची राख झाली. पण ती एक घटना सोडल्यास आजवर वीज कोसळल्यानं विमानाच्या उड्डाणात काही अडथळा आलेला नाही. त्या पायी काही गंभीर समस्या उद्भवणं तर दूरच राहिलं.

असं कसं होतं, असा सवाल आपल्या मनात आल्यास नवल नाही. कारण विमानाचा सांगाडा ॲल्युमिनियमचा बनलेला असल्यामुळे तर विजेच्या कचाट्यातून विमानाची कशी सुटका होते हे कोडं कोणालाही पडेल. ॲल्युमिनियम हे चांगलं विद्युतवाहक आहे. म्हणून तर आपल्या घरातल्या विजेच्या प्रवाहासाठी त्याच धातूच्या तारांचा वापर केला जातो. तरीही तेच ॲल्युमिनियम आणि त्याची विद्युतवाहकता विमानाचं संरक्षण करतात.

जेव्हा वीज त्या विमानावर पडते तेव्हा ती सहसा त्याच्या नाकाचं किंवा पंखाचं टोक अशा अणकुचीदार भागाकडे आकर्षित होते. त्या पायी तयार झालेला विद्युतप्रवाह मग विमानाच्या त्या बाहेरच्या आवरणातून, त्याची कातडीच म्हणा ना, प्रवास करत तशाच एखाद्या दुसऱ्या भागापर्यंत मजल मारतो. तिथून मग तो बाहेर निघून जातो. इतर भागाकडे त्याची नजरच वळत नाही. आतला भाग म्हणजे केबिन तर काहीच झालं नाही अशा थाटात राहतं. प्रवाशांना काहीच जाणवत नाही. छपरावर लावलेला लाईटनिंग कंडक्टर वीज स्वतःकडे ओढून घेऊन बाकीच्या इमारतीला तिच्या धक्क्यापासून वाचवतो. नेमकी तीच कामगिरी विमानाची ही बाहेरची ॲल्युमिनियम किंवा त्याच्या सारखीच विद्युतवाहक असलेली कातडी बजावते. खिडकीतून बाहेर बघत असलेल्या प्रवाशाला कदाचित पंखाच्या टोकापाशी उठलेला विजेचा लोळ दिसेल. त्या वेळी झालेला गडगडाटही काही जणांना ऐकू येईल. पण त्या पलीकडे विमानावर वीज कोसळल्याची जाणीवच प्रवाशांना होणार नाही. कानांना हेडफोन लावून बसलेल्या वैमानिकांना काही वेळा हा मोठ्यानं झालेला आवाज ऐकू येतो. केबिनमधले दिवे मिणमिणल्यासारखे होतात. पण क्षणभरच. परत एकदा सगळं काही सामान्य स्थितीला पोहोचतं. विमानाच्या सुरक्षित प्रवासासाठी त्याचा जमिनीवरच्या नियंत्रकाशी सतत इलेक्ट्रॉनिक संपर्क असण्याची गरज असते. या संदेशवहनात काही क्षण अडथळा निर्माण होतो. तसंच विमानातील सर्व यंत्रणा आपलं नेमून दिलेलं काम इमानेइतबारे पार पाडत आहेत, याचीही माहिती सतत वैमानिकाला मिळणं गरजेचं असतं. बाहेरच्या वातावरणाविषयीची, तापमान, हवेचा दाब, वाऱ्यांची दिशा आणि

वेग वगैरेची माहितीही अशाच प्रकारे मिळवण्याची सोय केलेली असते. ही माहिती पुरवण्यासाठी अनेक छोटे मोठे कॉम्प्युटर अथक काम करत असतात. त्यांच्या कामात कोणताही व्यत्यय येणार नाही यासाठी त्यांचं विजेच्या लोळापासून संरक्षण करण्याची चोख व्यवस्था अत्याधुनिक प्रवासी विमानांमध्ये केलेली असते.

विमानाचा सर्वांत नाजूक भाग म्हणजे त्याची इंधनाची टाकी. ग्रीक पुराणात अकिलिसची कथा आहे. जन्मतःच त्याची आई त्याला एका जीवनदायी नदीत बुचकळून काढते. त्यामुळे त्याच्या सर्व अंगावर कवचकुंडलं चढतात; पण बुचकळण्यासाठी आईनं त्याची खोट धरलेली असते. तीच नेमकी त्या नदीच्या पाण्यात बुडायची राहून जाते. तेच त्याचं मर्मस्थान बनतं. तशीच ही इंधनाची टाकी. तिच्यात एक चुटपुटती ठिणगी जरी पडली तरी सारं काही भस्मसात व्हायला वेळ लागत नाही. त्यामुळे तिला विजेच्या धक्क्यापासून सुरक्षित राखण्यासाठी तिच्यावरची ॲल्युमिनियमची कातडी दुप्पट तिप्पट जाड केलेली असते. ती भेदून वीज आत प्रवेश करू शकत नाही. शिवाय टाकीची दारं, वरची बुचं वगैरे खास वीजरोधक पदार्थांची बनवण्याची दक्षता घेतली जाते.

कॅप्टन जॉन कॉक्स हे अमेरिकेतील एक वैमानिक. आजवर अनेकदा ते सारथ्य करत असलेल्या विमानांवर वीज कोसळलेली आहे. त्यांनी आपले अनुभव सांगितलेले आहेत. 'जिथं विजेचा प्रवेश झाला आणि जिथून ती निघून गेली त्या तिथं पुसटशी जळाल्याची खूण राहण्यापलीकडे इतर काही नुकसान झाल्याचं मला कधीच दिसलेलं नाही. मी तर विजेच्या त्या हल्ल्यातून बचावलो आहेच पण माझ्या प्रवाशांच्या केसालाही धक्का लागलेला नाही. आकाशात मी काय किंवा प्रवासी काय अधिक सुरक्षित असतो. जेव्हा विमान जमिनीवर उतरलेलं असतं त्या वेळी तर वीज कोसळली तर विमानाच्या बाहेर आजूबाजूला जी मंडळी विमानाची देखभाल करत असतात किंवा सामानाची चढउतार करत असतात त्यांना निश्चितच धोका असतो. पण आजकाल विमानात चढण्यासाठी किंवा उतरण्यासाठी एरो ब्रिजचा वापर होत असल्यामुळे प्रवासी कोणत्याही क्षणी उघड्यावर नसतात. त्यापायी त्यांचं व्यवस्थित संरक्षण होतं. तेव्हा मुसळधार आणि वादळी पावसातही बिनधास्त विमान प्रवास करा. कोसळणारी वीज तुमचं काहीच वाकडं करू शकत नाही याची खात्री बाळगा.'

दस्तुरखुद्द कॅप्टन साहेबांनीच अशी ग्वाही दिल्यावर आपण कशाला घाबरायचं!

| ४ |

पृथ्वीच्या गिरकीचा वेग वाढला तर..!

चिंतू हातात ताज्या वर्तमानपत्राची घडी घेऊन धावतपळत आला तेव्हाच मी ओळखलं, याला कोणत्या तरी नवीन चिंतासूराची बाधा झाली आहे. त्याला श्वास घ्यायला फुरसत देत मी तसाच त्याच्याकडे बघत राहिलो.

''हे, हे, वाचलंस तू? अरे पृथ्वीच्या गिरकीचा वेग वाढलाय.''

''वाचलंय. मग बरंच आहे की. पृथ्वीच्या स्वतःभोवती फिरण्याचा वेग वाढल्यामुळे दिवस लहान झालाय. तुला आनंदच व्हायला हवा.'' मी त्याचा मूड चांगला व्हावा म्हणून म्हणालो.

''दिवस छोटा झाला? कसा?''

''हे बघ, पृथ्वी सर्वसाधारणपणे ८६,४०० सेकंदांमध्ये स्वतःभोवतीचं एक परिभ्रमण पूर्ण करते. म्हणजेच एका सूर्योदयापासून परत सूर्योदय होण्यासाठी तेवढा वेळ घेते. तोच एक दिवस. चोवीस तास. आता जर पृथ्वीच्या या गिरकीचा वेग वाढला तर ती ही प्रदक्षिणा कमी वेळात पूर्ण करेल. म्हणजेच दिवसाचा काळ कमी नाही का झाला?''

''मग मला कसा नाही जाणवला?''

''कसा जाणवेल? कारण पृथ्वीच्या या वेगवाढीपायी फरक पडलाय तो केवळ एका मिलिसेकंदांच्याही शतांश भागाएवढा. तो आपल्याला जाणवण्यासारखा नाहीच. तरीही गेल्या वर्षात म्हणजे २०२०मध्ये असे अठ्ठावीस दिवस लहान झाले होते. जवळ जवळ एक महिन्याचा काळ. तो एकत्रित केला तर वर्ष किती लवकर संपलं हे लक्षात येईल. १९ जुलै २०२० हा सर्वांत छोटा दिवस होता. नेहमीच्या चोवीस तासांपेक्षा तो चक्क दीड मिलिसेकंदानं लहान होता. २०२०च्या आधी पंधरा वर्षांपूर्वी म्हणजेच २००५मध्ये सर्वांत छोट्या दिवसाची नोंद झाली होती. पण तो विक्रम गेल्या बारा महिन्यांमध्ये अठ्ठावीस वेळा मोडला गेलाय. आता तर या वर्षी म्हणजे २०२१मध्ये अशा दिवसांची संख्या वाढणारच आहे असं भाकीत केलं आहे वैज्ञानिकांनी.

''तसाही पृथ्वीच्या गिरकीचा वेग सगळीकडे सारखा नसतोच. विषुववृत्तावर तो सर्वात जास्त असतो, तर ध्रुवांजवळ सर्वात कमी. याचं कारण पृथ्वी आपल्या पोटाकडे फुगलेली आहे. तिचा घेरं विषुववृत्ताजवळ सर्वात जास्त आहे. म्हणजे तेवढ्याच वेळात त्या तिथं जास्त अंतर कापावं लागतं. ते साधायचं तर वेग वाढवायला नको का?

''चंद्राच्या गुरुत्वाकर्षणाचाही या वेगावर परिणाम होत असतो. ज्या वेळी चंद्राचा जन्म झाला त्यावेळी तो सध्यापेक्षा किती तरी जवळ होता. अर्थातच त्याच्या गुरुत्वाकर्षणाची ओढही जास्त होती. त्याचाच परिणाम म्हणून पृथ्वीच्या गिरकीचा वेगही जास्त होता. हं आता कवी मंडळी म्हणतील, की चंद्र जवळ आल्यामुळे आनंदाचं भरतं येऊन पृथ्वी, जोरजोरात गिरकी मारू लागली. तसंही म्हणायला हरकत नाही; पण त्या काळात पृथ्वीवरचा दिवस केवळ सहा तासांचाच होता. साडेसहा कोटी वर्षांपूर्वी जेव्हा डायनासॉर मुक्तपणे इथं वावरत होते त्या वेळीही दिवस सध्यापेक्षा छोटा म्हणजे बावीस तासांचा होता. तेव्हा तुझ्या लक्षात आलंच असेल, की पृथ्वीच्या गिरकीचा वेग स्थिर नाही. तो कमी जास्त होत असतोच.''

''म्हणजे मग हे तुझे वैज्ञानिक सांगत असतात की या महिन्यात चंद्र सर्वात जवळ आलाय किंवा सर्वात जास्त दूर गेलाय तेव्हाही या गिरकीत फरक पडत असेल ना!''

''अरे वा, म्हणजे तूही वैज्ञानिकांची भाषा बोलायला लागलास की. तुझं म्हणणं बरोबरच आहे. त्यामुळेही या वेगात फरक पडतोच. अर्थात तो असाच काही अंश मिलिसेकंदांचा असतो. आताच बघ ना २०२१मध्ये पाच शतांश मिलिसेकंदांचा फरक पडणार आहे. त्याचा तुला आणि मला काही त्रास होणार नाही. पण आपण आपली वेळ मोजतो ती पृथ्वीच्या परिभ्रमणावर अवलंबून असते. ते मोजण्यासाठी वैज्ञानिकांनी दोन निरनिराळ्या व्यवस्था केल्या आहेत. पहिल्या व्यवस्थेत आकाशातल्या एखाद्या स्थिर ताऱ्यांची निवड केली जाते. पृथ्वी गिरकी मारते त्यामुळे हे तारे स्थिर नसून ते फिरताहेत असं आपल्याला वाटतं. तर हा वास्तविक स्थिर असलेला तारा आकाशातल्या एका स्थिर बिंदूवरून नेमका केव्हा पार होतो हे पाहिलं जातं. जर पृथ्वीच्या गिरकीचा वेग स्थिर असेल तर तो तारा दर दिवशी ठरावीक वेळेलाच त्या बिंदूवरून पुढं जाईल. पण तो वेग बदलत असला तर मग ती वेळही पुढं मागं होत राहील.

''वेळेचे हे मोजमाप अचूक व्हावं म्हणून आपण जगभरातल्या निरनिराळ्या संशोधन संस्थांमध्ये अणूंच्या स्पंदनावर चालणारी ऑटॉमिक क्लॉक ठेवलेली आहेत. ती दाखवतात ती वेळ आणि ताऱ्यांच्या प्रवासावरून मोजलेली वेळ यांच्यात पृथ्वीच्या गिरकीच्या वेगात होणाऱ्या बदलापायी तफावत पडत जाते. ती टाळून त्या दोन वेळांमध्ये परत साथसंगत व्हावी म्हणून मग आपण आपल्या घड्याळांमध्ये लीपसेकंदांची वाढ करतो.

''जसं आपलं कॅलेंडर आणि पृथ्वीची सूर्याभोवतीची प्रदक्षिणा यांच्यात समन्वय साधण्यासाठी आपण दर चार वर्षांनी फेब्रुवारी महिन्यात एका दिवसाची वाढ करतो. तो महिना २९ दिवसांचा होतो. ते वर्ष लीप वर्ष म्हणून ओळखलं जातं. २०२० असंच लीप वर्ष होतं. तशीच ही पृथ्वीच्या गिरकीच्या वेगापायी होणाऱ्या दिवसाच्या लांबीच्या वाढ-घटीचा ताळमेळ राखण्यासाठी ही लीप सेकंदांची योजना केली आहे. म्हणजे तो दिवस एका सेकंदानं लांब केला जातो. अलीकडे ३१ डिसेंबर २०१६ या दिवशी आपण लीप सेकंदाची वाढ केली होती. तो दिवस मोठा झाला होता. २०१७ या नव्या वर्षाचं आगमन आपण एका सेकंदानं लांबणीवर टाकलं होता. पण आता पृथ्वी अशीच वेगवान गिरकी घेत राहिली आणि त्यापायी दिवस छोटा झाला तर त्याच्या एकत्रित परिणामाची सांगड घालण्यासाठी कदाचित लीप सेकंदाची वाढ करण्याऐवजी वजाबाकीच करावी लागेल असं वैज्ञानिकांना वाटतंय.

''आता सांग अशा प्रकारे दिवसाची लांबी वाढवल्यामुळे तुझ्या झोपेचं खोबरं झालं होतं का? तेव्हा तुला विनाकारण चिंता करण्याची काही गरज नाही. उगीच हा चिंतेचा घोर पाठी लावून घेऊ नकोस. अशा बातम्या वाचून विचलित होऊ नकोस. चल, मस्तपैकी कॉफी करतो. गरमागरम कॉफी घेतलीस की हुरूप येईल तुला.''

चिंतू शांत झालेला पाहून मी उठलो तोच मला अडवत त्यांनं विचारलंच, ''पण काय रे, पृथ्वी अशीच आपल्या गिरकीचा वेग वाढवत गेली तर? हा वेग दुप्पट, चौपट, वीसपट वाढला तर?''

हा चिंतू कधी सुधारणार नाही असं मनाशी म्हणत मान हलवतच मी कॉफी करायला लागलो.

पृथ्वीच्या गिरकीचा वेग वाढतच राहिला तर..!

''पृथ्वीच्या गिरकीचा वेग असाच सतत वाढत राहिला तर? तो दुप्पट, चौपट, वीसपट झाला तर?'' चिंतूने विचारलंच.

''तर त्याचे कितीतरी परिणाम होतील. पृथ्वीच्या सध्याच्या गिरकीचा वेग विषुववृत्तावर ताशी १६०० किलोमीटर एवढा आहे. पण जसजसं आपण उत्तरेला किंवा दक्षिणेला जात जाऊ तसतसा हा वेग कमी कमी होत जातो. दोन्ही ध्रुवांजवळ तर तो जवळजवळ शून्यावर पोचतो. त्यामुळे तू जो दुप्पट चौपटीचा विचार करतो आहेत तो पृथ्वीच्या गिरकीच्या सरासरी वेगाबद्दलच करायला हवा. हा सरासरी वेग साधारण ताशी १२५० किलोमीटर एवढा आहे. आता जर तो दुप्पट झाला तर मग पृथ्वी स्वतःभोवतीची एक प्रदक्षिणा निम्म्या वेळात पूर्ण करेल. म्हणजे दिवसाचे तास चोवीस न राहता बाराच होतील. वर्षाचा काळ हा पृथ्वीच्या सूर्याभोवतीच्या प्रदक्षिणेचा आहे. त्यात काहीच फरक पडणार नाही. पण एक वर्ष मात्र सध्यासारखं ३६५ दिवसांचं न राहता ७३० दिवसांचं होईल.

''आपलं दिवसाचं झोपेचं आणि जागेपणाचं वेळापत्रक सध्या चोवीस तासांच्या दिवसावर आधारलेलं आहे. आपल्या शरीरातलं हे आजीचं घड्याळ मग कोलमडूनच पडेल. दुप्पटीचा विचार जरा बाजूला ठेवूया. समज की या वेगात केवळ ताशी दोन किलोमीटरचीच वाढ झाली. तरीही मग दोन्ही ध्रुवांजवळचं पाणी विषुववृत्ताकडे धाव घेईल. तिथली पाण्याची पातळी काही सेंटिमीटरही वाढेल. तिनं आपलं लक्ष वेधून घ्यायला अर्थात काही वर्ष लागतील. पण तोच वेग समजा ताशी दीडशे किलोमीटरनं वाढला तर मग दिवस बावीस तासांचाच होईल. युरोप, अमेरिकेमध्ये दर हिवाळ्यात आणि उन्हाळ्यात तिथल्या घड्याळांमध्ये एका तासाचा फरक करावा लागतो. म्हणजे

हिवाळ्यात आपलं घड्याळ आणि लंडनचं घड्याळ यांच्यात साडेपाच तासांचा फरक असतो तर उन्हाळ्यात तो साडेचार तासांचाच होतो. घड्याळातले काटे पुढंमागं करून ते सहज करता येतं. पण आजीच्या घड्याळात तसं एका रात्रीत करणं कठीण जातं. त्या बदलाचा सराव व्हायला शरीरातलं घड्याळ काही दिवसांचा अवधी घेतं. पण वेग एकाएकी वाढून दिवस खरोखरीच बाराच तासांचा झाला तर त्याचा सराव व्हायला चांगलाच अवधी लागेल. पण तो वेग हळूहळू वाढत गेला तर मात्र शरीराच्या घड्याळाला काही कष्ट पडणार नाहीत. नव्या वेगाचा सराव व्हायला आवश्यक तेवढा अवधी त्याला मिळेलच. दिवसाच्या लांबीत पडलेल्या फरकाचा फटका आकाशात आपण प्रस्थापित केलेल्या भूस्थिर उपग्रहांनाही बसेल.

‘‘आपण त्यांच्या परिभ्रमणाचा वेग पृथ्वीच्या गिरकीएवढाच ठेवलेला आहे. म्हणूनच तर आकाशात एकाच जागी स्थिर असल्यासारखे वाटतात. आता पृथ्वीच्या फिरकीचा वेग वाढला की त्या वेगात आणि या भूस्थिर उपग्रहांच्या वेगात असलेला ताळमेळ नाहीसा होईल. ते एकाच जागी स्थिर असल्यासारखे राहणार नाहीत. या उपग्रहांचा वापर आपण टेलिफोनसाठी, टीव्हीच्या कार्यक्रमांचं जगभर प्रक्षेपण करण्यासाठी वापरतो. झालंच तर संरक्षण दलंही त्यांच्या संदेशवहनासाठी त्यांचा वापर करतात. त्या सर्वांमध्ये बिघाड होईल. आज तर आपल्या जीवनाची घडी या उपग्रहांच्या अचूक कार्यक्षमतेवरच नीटपणे बसलेली आहे. ती बिघडली तर काय होईल याची कल्पनाच करवत नाही.

‘‘हा झाला केवळ दिवसाचा हिशेब. पृथ्वी जेव्हा गरगर फिरते तेव्हा त्यापायी तिच्या अंगावरच्या सर्व वस्तूंना तिच्या केंद्रापासून दूर ढकलणारं एक बल तयार होतं. याला केंद्रापसारी बल किंवा सेन्ट्रिफ्युगल फोर्स म्हणतात. शेतकरी हातातली गोफण जेव्हा गरगर फिरवत असतो तेव्हा त्या गोफणीतल्या दगडावरही याच बलाचा प्रभाव पडतो. त्यामुळे तो दगड गोफण सोडून दूर जाऊ पाहतो. पण हाताची पकड घट्ट असल्यामुळे त्या बलाला विरोध करणारं बल तयार झालेलं असतं. ते त्या दगडाला गोफणीतच बांधून ठेवतं. पण हाताची पकड जरा ढिली पडली तर मग त्या विरोधी बलाची मात्रा कमी होते आणि दगड गोफणीतून सुटून दूर फेकला जातो. पृथ्वीच्या गरगर फिरण्यापायी आपणही असे दूर फेकले जाऊ शकतो. पण पृथ्वीचं गुरुत्वाकर्षणाचं बल आपल्याला रोखून धरतं. आता जर या फिरकीचा वेग दुप्पट झाला तर मात्र ते केंद्रापसारी बल भारी होऊन आपण पृथ्वीवरून दूर अंतराळात फेकले जाऊ. त्याच बरोबर त्या बलापायी ध्रुवाजवळचं पाणी विषुववृत्ताकडे ओढलं जाऊन इथली पाण्याची पातळी शंभर मीटरनी वाढेल. इंडोनेशिया, सिंगापूर वगैरे देश तर पुरते बुडून जातील.

‘‘या केंद्रापसारी बलाचा एक फायदा जरूर आहे. आताही तू जर उत्तर ध्रुवावर

आपलं वजन केलंस आणि समजा ते ७५ किलो भरलं तर विषुववृत्तावर मात्र तुझं वजन ७४ किलोच भरेल. चक्क एक किलोनं ते कमी होईल. कारण विषुववृत्तावर गिरकीचा वेग जास्त आहे. साहजिकच सेन्ट्रिफ्युगल फोर्सची मात्रा जास्त आहे. ती गुरुत्वाकर्षणाच्या ओढीला विरोध करतो. त्यामुळे जर हाच वेग दुप्पट झाला तर तुझं वजन घटेल. डाएट किंवा व्यायाम न करताही वजन कमी करता येईल, कोणालाही. नासा या अमेरिकेतील अंतराळ संशोधन संस्थेतील एक अंतराळवीर ओडेनफील्ड यांनी गणित केलं आहे, की जर पृथ्वीच्या गिरकीचा वेग ताशी साधारण २८,२२५ किलोमीटर एवढा झाला तर कोणाचंही वजन शून्य किलोच होईल. मात्र तसं होणं कोणालाही आवडणार नाही की परवडणार नाही. कारण तोवर ती व्यक्ती धरतीवरच आणि जिवंत तर राहायला हवी!

''हा झाला सहज ध्यानात येणारा किंवा जाणवणारा परिणाम. कारण धरतीबरोबर तिचं वातावरणही जोडलं गेलेलं आहे. पृथ्वीच्या फिरकीचा वेग वाढला की हे वातावरणही त्या वाढीव वेगानं फिरू लागेल. ती वाढ हळूहळू झाली तर वाऱ्यांच्या वेगात किंवा दिशांमध्ये फारसा फरक पडलेला जाणवणार नाही. पण ऋतूमानात मात्र वाकडेतिकडे हेलकावे येत राहतील. जसजसा वेग वाढेल तसतसे चक्रावर्तांना अधिक जोर येईल. त्यांच्यामध्ये गरगर फिरत राहणाऱ्या वाऱ्यांचा वेग वाढेल. ते अधिक विध्वंसक होतील.

हे सगळं ऐकून तुझी दातखीळ बसली असेल तर ती उघड. तू, मी, कोणीही घाबरून जाण्याचं कारण नाही. अशी काही अस्मानी येण्याची शक्यता नगण्य आहे. गिरकीच्या वेगात बदल झालाच तर तो शतकानुशतकांच्या कालावधीत होत राहतो. तेव्हा आपल्या नेहमीच्या व्यवहारात काही उलथापालथ होण्याची शक्यता नगण्यच आहे.

तुझी कॉफी तशीच राहिलीय. थंड झाली असेल. चल, गरम करू.''

वारे वाहिले नाही तर..!

गुदमरल्यासारखं होत होतं. उष्ण्यानं जिवाची काहिली होत होती. घामाच्या धारा लागल्या होत्या. झाडांची पानं स्तब्ध झाली होती. त्यांच्यामध्ये किंचितही हालचाल होत नव्हती. वारा साफ पडला होता. ही स्थिती जास्त काळ टिकणार नाही अशी आशा मनाच्या एका कोपऱ्यात पल्लवीत होऊन राहिली होती. पण समजा वारा वाहण्याचा कायमचाच बंद झाला तर! जर वारे वाहिलेच नाही तर!

कोकणातल्या माझ्या मित्रांना त्यामुळे हायसं वाटेल कदाचित. गेल्या वर्षी आलेल्या वादळानं केलेली जखम अजूनही थोडीफार भळभळत असल्याने, वारे वाहिले नाहीत तर आमच्यावर कृपाच होईल, अशी त्यांची भावना झाली तर नवल नाही. पण वादळवारे काही नित्याचे नसतात. अलीकडच्या काळात थोड्याफार नित्यनियमानं त्यांचं आगमन होत राहिलं आहे. तरीही ते मर्यादित काळच राज्य करतात. तेवढ्या काळात ते अनन्वित विध्वंस करतात हे खरं. ते बंद झाले तर हायसं वाटेलही. पण अंगावर रोमांच उमटवणाऱ्या मंद झुळुकीपासून ते मोसमी पाऊस घेऊन येणाऱ्या वाऱ्यांनी कायमची सुटी घेतली तर काय होईल?

मर्ढेकरांची एक कविता आहे. *बन बांबूचे पिवळ्या गाते.* ते बांबूचं बन कसं गातं? तर त्यातून वारा वाहतो. तो त्या बांबूंच्या बासऱ्या बनवतो. त्यांच्यामधून मग सूर निघतात. त्यांचंच गाणं बनतं. वारेच वाहिले नाहीत तर ते गाणं बंद पडेल. पडलं तर पडलं, त्यात काय मोठंय, असंच कोणीही म्हणेल. खरं आहे. तो तसा वारे न वाहण्याचा क्षुल्लक परिणामच ठरेल. पण त्याच कवितेत पुढं म्हटलं आहे *जगण्याची पण पुन्हा प्रतिज्ञा.* वारे वाहिले नाहीत तर तीच करावी लागेल. पण तिची पूर्ती होणं मात्र अशक्य होऊन बसेल.

आपल्या देशाचं जीवन कोणत्या एका घटकावर अवलंबून आहे? या प्रश्नाचं एकच उत्तर आहे. मॉन्सूनचा पाऊस. पाण्याला जीवन म्हणतात. कारण पाण्याशिवाय

सजीव जगूच शकत नाहीत. हे पाणी आपल्याला मिळतं ते या मॉन्सूनच्या पावसामुळे. त्याच्या जेमतेम चार महिन्याच्या राजवटीत वर्षभराच्या आपल्या पाण्याची बेगमी होते. पिण्याच्या पाण्याची चिंता तर मिटतेच. पण शेतीची गरजही भागवली जाते. हा मॉन्सूनचा पाऊस घेऊन येतं कोण? तर नैऋत्येकडून येणारे मोसमी वारे. त्यांचा उगम पार पूर्वेला इस्टर बेटांजवळ होतो. तिथून ते वाहत सुटतात. वाटेत हवेतलं, सागरांच्या माथ्यावरचं यच्चयावत बाष्प घेऊन येतात. ते वारे हिमालयाला जाऊन थडकले, की तिथंच अडवले जातात. आपल्या जवळचा पाण्याचा सारा खजिना इथंच रिता करतात. वारेच वाहिले नाहीत तर हे मोसमी वारेही आपल्या आकाशात येणार नाहीत. आणि ते आले नाहीत तर मग पाण्याचा कुंभ आपल्या जमिनीवर रिता कोण करणार! आपली जगण्याची प्रतिज्ञा सफल कशी होणार!

हलत्या हवेला वारा म्हणतात हे आपण शिशुवर्गातच शिकतो. आपल्या अवतीभोवती सर्वत्र हवा आहे म्हणून तर सौरमालेतल्या इतर सर्व ग्रहांना वगळून केवळ या एकमेव पृथ्वी नावाच्या ग्रहावर सजीव अवतरले आहेत. त्यांची उत्क्रांती होत आपण म्हणजे मानवप्राणी इथं राज्य गाजवतो आहे. पण ही हवा काही आपणहून हलत नाही. ती हलायची आणि वारे वाहायचे तर काही निकष पूर्ण व्हावे लागतात. सूर्यकिरण धरतीला तापवतात. पण ही प्रक्रिया सगळीकडे एकसारखीच, समान होत नाही. कारण सगळीकडेच जमीन नाही. बराचसा भाग पाण्यानं व्यापलेला आहे. जमीनही सगळीकडे एकसंध सपाट नाही. उंच सखल आहे. काही ठिकाणी पठार आहे तर काही ठिकाणी पर्वतराजी. त्यामुळे सूर्यकिरण जरी सगळीकडे एकसारखेच येत राहिले तरी ते शोषण्याची प्रक्रिया वेगवेगळी होते. त्यामुळे काही ठिकाणची हवा जास्त गरम होते तर इतर ठिकाणची तुलनेनं थंडच राहते. गरम हवा प्रसरण पावते, विरळ होते, हलकी होते आणि जमिनीपासून वरवर जाऊ पाहते. थंड हवेची घनता तुलनेनं जास्त असते. ती खाली बैठक मारू पाहते. त्यामुळे हवेची घुसळण होते. निरनिराळे प्रवाह वाहू लागतात. हेच वाऱ्यांचं रूप घेऊन आपल्याला अनुभवायला मिळतात.

वारे हे असे वाहत राहिल्यामुळेच मग आपलं हवामान तयार होतं. ते तसे वाहिले नसते तर विषुववृत्ताजवळचं हवामान जास्तच उष्ण झालं असतं. कारण तो भाग तुलनेनं सूर्याच्या जास्त जवळ जात असल्यामुळे अधिक तापतो. उलट दोन्ही ध्रुवांजवळ कमी उष्णता पोचते आणि ते प्रदेश तुलनेनं थंड राहतात. पण वारे वाहत असल्यामुळे या दोन प्रदेशांवरच्या हवेची आपापसांत घुसळण होऊन विषुववृत्तावरची हवा उष्णतेचा कहर करत नाही. तसंच ध्रुवप्रदेश पार गोठून जात नाही. अधल्यामधल्या भूभागांवरचं हवामानही समतोल राहतं. जगणं सुसह्य करतं. वारे वाहिले नाहीत तर हवामानाचा असा समतोल प्रस्थापित होणार नाही. जगणं दुष्कर करून टाकेल.

उत्तर गोलार्धात ईशान्येकडून विषुववृत्ताच्या दिशेनं काही वारे वाहतात. तसेच दक्षिण गोलार्धात आग्नेयेकडून वाहतात. यांना व्यापारी वारे म्हणतात. कारण ज्यावेळी शिडाच्या जहाजांमधूनच बहुतांश व्यापार होत होता तेव्हा त्या शिडांमध्ये भरून त्या जहाजांना पश्चिमेच्या दिशेनं वेगानं जाण्यास त्या वाऱ्यांची मदत होत होती. आज त्या वाऱ्यांचं तेवढं महत्त्व राहिलेलं नसलं तरी मध्ययुगात जर ते वाहिले नसते तर आंतरराष्ट्रीय व्यापार आणि दळणवळण जवळजवळ ठप्पच झालं असतं. ना कोलंबसाला अमेरिका सापडली असती, ना वास्को द गामा कालीकतला उतरला असता. जगाचा इतिहासच बदलून गेला असता. वाऱ्यांच्या अंगी तशी खूपच ऊर्जा असते. मंद झुळूक आपल्याला थंडावा देते त्यावेळी त्या ऊर्जेची फारशी जाणीव आपल्याला होत नसली तरी जेव्हा हेच वारे रुद्रावतार धारण करत चक्रावर्त बनतात त्यावेळी या ऊर्जेची नको तितकी ओळख पटते.

वाऱ्यांच्या या गुणधर्माचा वापर करून आपली कामं करून घेण्याची परंपरा पूर्वापार चालत आली आहे. पवनचक्क्यांचा वापर विहिरीतून पाणी उपसण्यासाठी, धान्य दळण्यासाठी पूर्वीही केला जात असे. हॉलंडमध्ये तर त्यांचा सर्रास वापर होत होता. आजही होत आहे. तिथं ठायी ठायी पवनचक्क्या आढळतात. कोळशाचा किंवा खनिज तेलाचा वापर करून वीज निर्मिती करताना प्रदूषणाचा विळखा पडत असल्यामुळे आज अपारंपरिक ऊर्जा निर्मितीला प्रोत्साहन दिलं जात आहे. त्यात सौर ऊर्जेबरोबरच पवनऊर्जेलाही प्राधान्य मिळत आहे. हा वर्षी पवनऊर्जेच्या माध्यमातून देशात छत्तीस गिगावॉट विजेचं उत्पादन झालं. वारेच वाहिले नाहीत तर या उपयुक्त ऊर्जास्रोत आपण गमावून बसू.

छे, छे, वादळवारे नकोत; पण वारे मात्र वाहिलेच पाहिजेत.

। ७ ।

हवेतला ऑक्सिजन संपून गेला तर...!

चिंतू धावतधावत आला तेव्हाच मी ओळखलं की कोणती तरी नवीन चिंता त्याला छळतेय. त्याला लागलेली धाप आवरून तो बोलेपर्यंत मी गप्पच राहिलो. हातातला पेपर फडफडवत त्यानं म्हटलं, ''हे पाहिलंस, ऑक्सिजनचा तुटवडा आहे. ऑक्सिजन न मिळाल्यानं लोकांचे प्राण कंठाशी आले आहेत. त्यावर उपाय म्हणून हे कोणीतरी सांगताहेत की हवेतला ऑक्सिजन शोषून घेऊन त्याचा पुरवठा करावा.''

''तो एक उपाय आहे, पण अखेरचा. इतर उपायांनी पुरवठा योग्य तितका झाला नाही तर त्याची सोय करावी लागेल. तेही वाटतं तितकं सोपं नाही. पण वेळ आलीच तर तोही उपाय अमलात आणावा लागेल.''

''अरे, पण लक्षात कसं येत नाही तुझ्या! अशा रीतीनं सर्वच जण हवेतला ऑक्सिजन सिलिंडरमध्ये बंद करायला लागले तर सगळा ऑक्सिजन आटून नाही का जाणार! मग तुला मला श्वासोच्छ्वासातून तो कसा मिळणार?''

''तसं काही नाही होणार, तू उगीचच मनाला घोर लावून घेऊ नकोस. खरं सांगू, ही आपली पृथ्वी साडे चार अब्ज वर्षांपूर्वी जन्माला आली ना तेव्हा हवेत ऑक्सिजनचा पत्ताच नव्हता. वातावरणात तेव्हा मिथेन, कार्बन डाय ऑक्साईड, बाष्प म्हणजे पाण्याची वाफ हेच वायू होते. त्यावेळच्या पर्यावरणाला म्हणूनच वैज्ञानिक भाषेत रिड्यूसिंग ॲटमॉस्फिअर म्हणतात.''

''काय सांगतोस! ऑक्सिजन नव्हता! मग माणसं जगत कशी होती?''

''त्यावेळी माणसंच काय पण कोणताही सजीव या धरतीवर नव्हता. धरती पूर्ण निर्जीव होती. पुढची तब्बल अडीच अब्ज वर्ष परिस्थिती तशीच राहिली. त्यानंतर सागरामध्ये नीलहरित सजीव अवतरले. निळ्या हिरव्या रंगाचे जीवाणू आणि शैवाल. त्यांना ऑक्सिजनची गरज नव्हती. किंबहुना त्यांना तो विषासमानच होता. आजही असे ऑक्सिजनविरहित वातावरणात जगणारे काही सूक्ष्मजीव आहेत. काही रोगजंतूही</p>

आहेत. पण त्यांच्या अंगी प्रकाशसंश्लेषण करण्याची किमया होती. म्हणजे त्यांच्या अंगात असलेल्या क्लोरोफिल या हरितद्रव्याच्या मदतीनं ते सूर्यप्रकाश शोषून घेत त्यापासून ऊर्जा मिळवत. तिचा वापर करून कार्बन डाय ऑक्साईड आणि पाणी यांची रासायनिक अभिक्रिया करून त्यातून कर्बोदकं म्हणजेच पिष्टमय पदार्थ बनवत. तो त्यांचा आहार होता. या अभिक्रियेतून तयार झालेला ऑक्सिजन त्यांच्या दृष्टीनं टाकाऊ पदार्थच होता. ते तो वातावरणात सोडून देत. तिथं तो साचून राहू लागला. हवेतलं ऑक्सिजनचं प्रमाण वाढत राहिलं. याच घटनेला 'ग्रेट ऑक्सिडेशन इव्हेन्ट' असं नाव दिलं गेलंय. त्यामुळे धरतीवरच्या त्यावेळच्या सजीवांवर गंडांतर आलं. त्यांचा नाश व्हायला सुरुवात झाली. पण तसं एकदम झालं नाही. ऑक्सिजनचं प्रमाण वाढायचं, मग परत कमी व्हायचं.

"ते कमी झालं, की तापमान घसरायचं. हिमयुग अवतरायचं. अशी पाच सहा चक्रं झाल्यानंतरच हवेतलं ऑक्सिजनचं प्रमाण स्थिरावलं. आता जे एकवीस टक्के आहे, तेवढं झालं. तोपर्यंत जरी त्या काळातल्या सजीवांचा अंत झाला तरी त्यातल्या काहींनी स्वतःला टिकवून धरलंच. पण त्यांची संख्या आटल्यानंतरच ऑक्सिजनवर जगणाऱ्या नवीन सजीवांचा उदय झाला. उत्क्रांती होत होत आधुनिक मानवप्राण्याचा जन्म झाला. तू, मी, उदयाला आलो. आपल्याला ऑक्सिजन म्हणजे प्राणवायूसारखा असला तरी तो नष्ट झाला म्हणून सगळी सजीव सृष्टी नष्ट होणार नाही. उत्क्रांती होत ऑक्सिजनविरहित वातावरणातही तग धरून राहणारे काही मानवप्राणीही कदाचित उदयाला येतील."

'ते येतील तेव्हा येतील. पण तोपर्यंत काय? तुझी माझी ऑक्सिजनची गरज कशी भागणार?'' 'त्याची काळजी करण्याचं तुला काहीच कारण नाही. उद्या परवाच काही ऑक्सिजन नष्ट होणार नाही. निदान अजून एक अब्ज वर्षंतरी हवेत पुरेसा ऑक्सिजन राहणार आहे. मात्र त्याचं प्रमाण कमी झाल्याचे काही परिणाम निश्चित होतील. या ऑक्सिजनवर सूर्यकिरणांचा प्रभाव पडला, की त्यातूनच ओझोन वायूची निर्मिती होते. हा वायू मग वातावरणाच्या वरच्या थरात साठून राहतो. तिथं एक संरक्षक कवच तयार करतो. त्यामुळे सूर्यप्रकाशातल्या घातक जंबूपार, अल्ट्राव्हायोलेट, किरणांना मज्जाव करतो. या किरणांमुळे एक तर उष्णता वाढते. तापमान वाढतं. सागरातल्या अधिक पाण्याची वाफ होते. ती वातावरणात साचून राहते. वाफेच्या अंगी उष्णतेला धरून ठेवण्याची क्षमता असते तीही तापमान वाढीला मदत करते. धरतीला ताप येतो म्हणेनास. झालंच तर आर्द्रता वाढते. हवा अधिक दमट बनते. त्याचा एक चांगला परिणाम असा, की पावसाचं प्रमाणही वाढतं. हे चक्र असंच चालू राहतं.

'हे जंबूपार किरण सजीवांचा घात करतात. सजीव त्यांच्या हल्ल्यापुढं तग धरून राहू

शकत नाहीत. आता ऑक्सिजनचं प्रमाण कमी झालं तर मग ओझोनच्या निर्मितीलाही ओहोटी लागेल. त्या संरक्षक कवचाला भगदाडं पडू लागतील. त्यांचा घातक परिणाम होऊ शकतो. शिवाय ऑक्सिजनची पातळी कमी झाल्यास हवामान बदलाचा वेग वाढेल. त्याचेही अनिष्ट परिणाम होतील. पावसापाण्याच्या प्रमाणात मोठेच फेरबदल होतील. ते टाळता यायला हवेत. अर्थात ते होण्यासाठीही ऑक्सिजनच्या पातळीत लक्षणीय फरक व्हायला हवा. आता आपली गरज भागवण्यासाठी हवेतून ऑक्सिजन ओढून घेतल्यानं तसं काही होण्याची शक्यता फारशी नाही.

''शिवाय वनस्पतींनी ती प्रकाश संश्लेषणाची युक्ती त्या हिरव्या निळ्या सूक्ष्मजीवांकडून उचलली. ते स्वतःचं अन्न स्वतः तयार करतात ते त्या प्रक्रियेपोटीच. त्यातून मग ऑक्सिजन हा टाकाऊ पदार्थ म्हणून वातावरणात सोडला जातो. जितकी हिरवाई जास्त तेवढी ऑक्सिजनची भरपाई जास्त, असं आपण म्हणतो ते त्यापायीच. ही वृक्षवल्ली मृत झाली, पुरली गेली की त्यातूनही ऑक्सिजन मोकळा होत वातावरणात पसरतो. त्यामुळे अजूनही हवेतल्या ऑक्सिजनच्या प्रमाणात भरती ओहोटी चालूच आहे. गेल्या चोपन्न कोटी वर्षांमध्ये हवेतल्या ऑक्सिजनचं प्रमाण १० टक्क्यांइतकं घसरलं होतं तसंच ३५ टक्क्यांपर्यंत वधारलंही होतं. पण त्याचा मोठ्या प्रमाणावरचा अनिष्ट परिणाम सजीव सृष्टीवर झालेला नाही. त्यामुळे आताही हवेतला थोडासा ऑक्सिजन आपल्या तात्पुरत्या गरजेपायी आपण उचलला म्हणून निसर्गात अस्मानी अवतरणार नाही. तुला घायकुतीला येण्याचं काहीच कारण नाही.''

गणितच अस्तित्वात नसतं तर...

जवळजवळ साठ वर्षांपूर्वीची गोष्ट. डॉ. जयंत नारळीकरांचा, त्यांचे गुरू फ्रेड हॉयल यांच्याबरोबरचा, 'स्टेडी स्टेट युनिव्हर्स'चा सिद्धांत गाजला होता. जगभर त्याची चर्चा होत होती. नारळीकरांच्या नावाचा दबदबा होता. त्यावेळी ते भारतात आले होते आणि टाटा इन्स्टिट्यूट ऑफ फंडामेन्टल रिसर्चनं त्यांचं व्याख्यान आयोजित केले होतं. तुफान गर्दी झाली होती. दस्तुरखुद्द डॉ. भाभा उपस्थित होते. अतिशय रसाळपणे नारळीकरांनी आपला सिद्धांत उलगडून दाखवला.

प्रश्नोत्तरांना सुरुवात झाली. एक वृद्ध गृहस्थ उठले. त्यांनी एक प्रश्न विचारला. त्यांची ऑस्ट्रॉनॉमी आणि ऑस्ट्रॉलॉजी यात गफलत झाली होती. तरी नारळीकरांनी शांतपणे उत्तर देण्यासाठी फळ्यावर लिहायला सुरुवात केली. एक गणिती समीकरण त्यांनी लिहिलं. त्यावर ते गृहस्थ म्हणाले, 'हे तुमचं क्लिष्ट गणित नको, साध्या भाषेत सांगा.' नारळीकर म्हणाले, 'माझ्या विषयाची गणित हीच भाषा आहे.'

विज्ञानाची भाषा कोणती असं विचारलं गेलं तर इंग्रजी, मराठी, संस्कृत वगैरेंचा उल्लेख करता येणार नाही. विज्ञानाची भाषा आहे गणित. त्याचं कारणही आहे. इतर भाषांसारखी ही गुळमुळीत नाही. इतर भाषांमध्ये एका वाक्याचे दोन, तीन, अनेक अर्थ होऊ शकतात. त्यात परत शब्दार्थ एक, ध्वन्यार्थ दुसराच, भावार्थ आणखी तिसराच अशी परिस्थिती असू शकते. गणिताचं तसं नाही. त्या भाषेतल्या वाक्याचा एकमेवच अर्थ असतो. दुसरा तिसरा संभवतच नाही. म्हणूनच विज्ञानाचं आणि त्या भाषेचं सख्य जमतं. जर गणितच नसतं तर विज्ञान अस्तित्वातच आलं नसतं. मानवी समूहाची प्रगती झाली नसती.

जे नारळीकरांनी त्या दिवशी सांगितलं ते गॅलिलिओनं चार शतकं अगोदर सांगितलं होतं. तो म्हणाला होता, 'या विश्वाच्या महान ग्रंथात सारं तत्त्वज्ञान सांगितलेलं आहे. आणि त्या ग्रंथाची भाषा आहे गणित.' विज्ञानाचं मर्म काय हे याशिवाय अधिक स्पष्टपणे

सांगताच येणार नाही.

गणिताचा वापर विज्ञानाच्या अभ्यासासाठी प्रथम केव्हा केला गेला याची तशी नेमकी माहिती नाही. पण बॅबिलोनियन संस्कृतीत, साधारण ३००० वर्षांपूर्वी, ग्रहणांच्या आकृतिबंध चा विचार करताना गणिताचा वापर केला गेल्याचे पुरावे सापडतात. पण न्यूटन, देकार्ते, लायबनित्झ प्रभृतींनी कॅल्क्यूलसचा शोध लावेपर्यंत त्या आकृतिबंधाचं नीटस स्पष्टीकरण देता आलं नव्हतं. त्यानंतर मात्र विज्ञानातील प्रत्येक मूलभूत

संशोधनासाठी गणिताचाच वापर केला गेला आहे. म्हणूनच काही विद्वान म्हणतात की या विश्वाची बांधणीच मुळी कोणा तरी गणितज्ञानंच केली असली पाहिजे. मग विचार करा की गणितच नसतं तर या विश्वाचा गाडा असा सुरळीत चालू शकला असता का?

गणितच नसण्याचा शाळकरी मुलांना नक्कीच आनंद झाला असता. त्यांना छळणाऱ्या या 'गणोबा' नामक ब्रह्मसंमंधाची उत्पत्तीच झाली नसती तर अभ्यास आवडीनं केला गेला असता. पण जर विश्वाचं चाक रुतलेलंच असतं तर मग शाळाच काय पण कोणतीही मानवी संस्था किंवा व्यवहार सुरळीत चालावाच कसा?

आपल्या आसपास घडणाऱ्या घटना का आणि कशा घडल्या हे समजावून सांगायचं, तर त्यासाठी गणिताची भाषाच कामी येते. भौतिक विज्ञानात तर कोणतीही संकल्पना स्पष्ट करायची, तर गणिताची भाषा वापरण्यावाचून तरणोपाय नाही. हेच पाहाना, आपल्या जीवनात इलेक्ट्रॉनिक यंत्रणेचं काय महत्त्व आहे हे वेगळं सांगायची गरज नाही. इतकी इलेक्ट्रॉनिक उपकरणं आपण वापरतो, की त्यांच्याशिवाय आपण कसे जगत होतो याचं आश्चर्यच वाटायला लागतं. त्या सर्वांचा जीव असणारा इलेक्ट्रॉन ही काय चीज आहे हे कदाचित आपण मराठी, इंग्रजी, जर्मन यासारख्या भाषांच्या मदतीनं सांगू शकू. पण ते समजल्यावर जर कोणी विचारलं की त्याचा रंग कोणता आहे, तर निरुत्तर होऊ. कारण रंग म्हणजे काय तर विशिष्ट तरंगलांबीचा प्रकाशकिरण. ती तरंगलांबी सांगायची तर गणिताचाच आधार घ्यावा लागतो. त्या रंगाच्याही अनेक छटा असतात. प्रत्येकीची परत विशिष्ट तरंग लांबी असते. साधं साडीला मॅचिंग ब्लाऊजचं कापड घ्यायचं तर एकाच रंगाच्या वेगवेगळ्या छटांनी अखखी शेल्फ भरून गेलेली दिसते. त्या प्रत्येक छटेला समर्पक नाव देता देता बोबडी वळेल. पण तिची विशिष्ट तरंगलांबी सांगण्यासाठी गणित उणं पडत नाही.

समजा तुम्ही गाडीतून चालला आहात. समोर दुसरी एक गाडी आहे अतिशय हळू हळू चालली आहे. हॉर्न वाजवून झाला तरी तुम्हाला 'साइड' द्यायला तयार नाही. मग तिला ओलांडून पुढं जाण्यावाचून पर्याय उरत नाही. आता असं ओव्हरटेक करायचं तर त्या गाडीच्या वेगाचा अंदाज घ्यायला हवा. त्या प्रमाणात आपल्या गाडीचा वेग

किती ठेवायचा याचं गणित करायला हवं. तसं केल्यानंतर किती वेळात आपण तिला बगल देऊन पुढं जाऊ याचंही गणित करायला हवं. तेवढ्या वेळेत समोरून दुसरी गाडी येणार नाही याची खातरजमा करून घ्यायला हवी. म्हणजे समोरून येणाऱ्या गाडीच्या वेगाचंही मोजमाप करायला हवं. हे सगळं करून आपण पुढं जातो. त्यासाठी न्यूटनच्या गतीच्या नियमांचं पालन करून आपण ती सगळी गणितं सोडवतो याची कल्पनाही मनाला शिवत नाही. पण नकळत तुमच्या मेंदूमध्ये ती सगळी व्यवस्थित केली जातात. उद्यापरवा मस्कच्या टेस्लासारखी वाहकाविना चालणारी गाडी आली तर तिचं सारथ्य करणाऱ्या संगणकालाही ती सगळी करावी लागतील; त्यासाठी अर्थात गणिताची भाषाच उपयोगी ठरेल.

ही सगळी दैनंदिन कामगिरी आपण आपल्या नकळत गणिताची भाषा वापरूनच करत असतो. रिझर्व्ह बँकेला जेव्हा व्याजदर ठरवायचे असतात त्यावेळी अर्थव्यवस्थेची आजची स्थिती बघून भविष्यात तिची वाटचाल कशी होईल याचं भाकीत करावं लागतं. त्यासाठी संगणकाला हाताशी धरावं लागतं. संगणक तर गणिताचीच भाषा वापरतो. म्हणजे आपण त्याला आपल्या भाषेत प्रश्न विचारतो, किंवा माहिती देतो, पण ती त्याला समजेल अशा एक आणि शून्य या दोन आकड्यांच्या गणिती भाषेत भाषांतरित केल्याशिवाय त्याला समजत नाही. साहजिकच तो त्याचं उत्तर शोधून काढू शकत नाही.

यावरूनच समजून येईल की इंग्रजीत सव्वीस मुळाक्षरं आहेत, मराठीत अठ्ठेचाळीस, चिनी भाषेत तर असंख्य; तरीही आपल्या ओळखीच्या दैनंदिन आयुष्यात हरघडीला समोर येणाऱ्या घटनांचं अचूक वर्णन करायला त्या तोकड्या पडतात. पण एक आणि शून्य ही दोनच मुळाक्षरं असणारी गणिताची द्विमान भाषा ताकदवान सुपर कॉम्प्युटरलाही आपल्या तालावर नाचवू शकते.

मग विचार करा जर गणितच अस्तित्वात आलं नसतं तर काय अवस्था झाली असती?

। ९ ।

अंतराळात गोळी झाडलीत तर..!

'अंतराळात गोळी झाडलीत तर..?' हा प्रश्न विचारणं चूकच नाही का, असं तुम्हाला कदाचित वाटेल. कारण अंतराळात निर्वात पोकळी आहे. तिथं ऑक्सिजनच नाही. त्यामुळे तिथं अग्निप्रज्वलन होऊच शकणार नाही. मग बंदुकीतून गोळी तरी कशी झाडता येईल? पण विश्वास ठेवा, तसं करता येतं. कारण आधुनिक बंदुकांच्या गोळ्या आपल्याबरोबर ऑक्सिजनची कुपीच घेऊन येतात. त्यामुळे त्या गोळीतला स्फोटक पदार्थ पेट घेऊ शकतो. पण ती गोळी झाडल्याचा आवाज मात्र ऐकू येणार नाही. कारण आवाज म्हणजेच ध्वनी हवेतल्या कंपनांच्या माध्यमातूनच प्रवास करू शकतो. तिथं हवाच नाही म्हटल्यावर आवाज खुंटलाच. मग गोळी झाडली गेली आहे हे कसं समजायचं? जर त्यावेळी बंदुकीच्या नळीकडे लक्ष असेल तर ते सांगता येईल. कारण त्या नळीच्या तोंडाशी ज्वाला भडकल्याचं दिसेल. तसंच तिच्यातून निघालेला धूर फुग्याचा अवतार घेऊन पुढं पुढं सरकताना दिसेल. ब्राऊन विद्यापीठातल्या प्रा. पीटर शुल्त्झ यांनी तसा प्रयोग करूनच दाखवून दिलं आहे.

आता समजा तुम्ही अंतराळात तरंगत आहात. तुमच्या हातात बंदूक आहे. हातातून सोडलीत तर तीही तशीच तरंगत राहील. पण तशीच हातात ठेवून तुम्ही तिचा चाप ओढलात आणि गोळी झाडलीत तर ती बंदुकीतून निघून पुढं जाईल. आता न्यूटनच्या तिसऱ्या नियमानुसार प्रत्येक कृतीला उलट दिशेनं तितक्यात प्रभावाची कृती घडेल. म्हणजे ज्या बंदुकीतून गोळी झाडली आहे. ती उलट दिशेनं पाठीमागे फेकली जाईल. बंदूक तुमच्या हातात असल्यामुळे तुम्हीही तसेच पाठीमागे ढकलले जाल. समजा तुम्ही दर सेकंदाला १००० मीटर हा वेग गोळीला दिला आहे, तर तुम्हालाही तेवढाच वेग मिळायला हवा. पण गोळीच्या तुलनेत तुमचं वजन किती तरी जास्त असल्यामुळे तुमचा पाठीमागे जाण्याचा वेग फार फार तर सेकंदाला काही सेंटीमीटर एवढाच असेल. अर्थात तुम्हाला तुम्ही पाठीमागे जात असल्याचं जाणवणार नाही. फक्त तुम्ही आणि

गोळी यांच्यातलं अंतर वाढत चाललंय एवढंच दिसेल.

तुमचं ठीक आहे, पण त्या गोळीचं काय? धरतीवर जेव्हा आपण गोळी झाडतो तेव्हा तिला मिळालेल्या वेगापायी ती पुढं पुढं जात राहते. पण सुरुवातीपासूनच तिला गुरुत्वाकर्षणाची ओढ जाणवत राहतेच. ती तिला खाली खेचत राहते. सरळ मार्गानं पुढं जाणारी गोळी आणि तिला काटकोनात जमिनीच्या दिशेनं खाली खेचणारी गुरुत्वाकर्षणाची ओढ यांचा एकत्रित प्रभाव गोळीची वाटचाल तिरपी करत राहतो. आणि काही अंतर गेल्यावर ती गोळी जमिनीवर पडते. अंतराळात शून्यवत गुरुत्वाकर्षण असल्यामुळे त्या गोळीला मिळालेला वेग कमी होत नाही. न्यूटनच्या पहिल्या नियमाप्रमाणे ती जडत्वामध्ये म्हणजे इनर्शियामध्ये असते. शिवाय तिथं हवा नसल्यामुळे घर्षणाचाही प्रश्न नसतो. गोळीला अटकाव करणारा कोणताच प्रभाव नसल्यामुळे ती सतत पुढंपुढंच जात राहते. अंतराळ अनंत आहे, शिवाय हे विश्वही प्रसरण पावत. त्यामुळे गोळीचा प्रवास निर्वेध तसाच चालत राहील. सुरुवातीला मिळालेल्या दिशेनंच ती सरळ सरळ पुढं पुढं जात राहील. हार्वर्ड विद्यापीठातील प्राध्यापक मात्या कूक्यांनी दुसरं एक मनोरंजक गणित केलं आहे. समजा हे विश्व प्रसरण पावत नसतं, आजघडीला आहे तेवढीच त्याची व्याप्ती असती, तरीही मग ती गोळी तशीच चालत राहिली असती का, असा प्रश्न त्यांना विचारला होता. तेव्हा त्या म्हणाल्या, की निर्वात पोकळीतही साधारण एक घनमीटर अवकाशात एखादा दुसरा अणू असतो. त्याच्याशी गोळीची टक्कर झाल्यानं तिच्या गतीत घट होईल, नाही असं नाही. तसं झालं तर मग ती गोळी एका क्षणी जागच्या जागीच अडकून पडेल. पण त्यापूर्वी तिनं एक कोटी प्रकाशवर्षं एवढं अंतर पार केलेलं असेल. आता प्रकाश दर सेकंदाला तीन लाख किलोमीटर एवढा प्रवास करतो. त्या वेगानं एका वर्षात तो जेवढी मजल मारेल ते अंतर म्हणजे एक प्रकाशवर्ष. तर एक कोटी प्रकाशवर्षं म्हणजे किती अंतर? तुम्हीच करा हिशेब. याचा अर्थ असाही होतो की तुम्हीही उलट दिशेनं असेच निरंतर प्रवास करत राहाल. पण मुळात अंतराळात बंदूक नेण्याची गरजच का भासावी? तिथं तर कोणी शत्रू किंवा मारेकरी असण्याची शक्यताच नाही. तर मग संरक्षण कोणापासून करायचं? तरीही अनेक वर्षं रशियन अंतराळवीरांना दिल्या जाणाऱ्या सामग्रीत बंदुकीचा समावेश असे. जर परत येताना काही गडबड झाली आणि नियोजित ठिकाणाऐवजी त्यांचं पॅराशूट त्यांना भलतीकडेच घेऊन गेलं तर आपल्याकडे इतरांचं लक्ष जावं यासाठी त्यांनी ती बंदूक हवेत उडवावी, असं प्रशिक्षण त्यांना दिलेलं असे. थोडक्यात ती बंदूक अंतराळात वापरण्यासाठी दिलेली नव्हती, तर धरतीवर परत आल्यावर जर काही अडचणीचा प्रसंग आला तर त्यातून मार्ग काढण्यासाठीच तिची बेगमी केलेली होती.

चुकूनही अंतराळात तिच्यातून गोळी झाडण्याचा प्रयत्न करू नका, असाच सल्ला

त्यांना दिला जाई. कारण तुम्ही जेव्हा यानाची दुरुस्ती करण्यासाठी किंवा नुसताच फेरफटका मारण्यासाठी यानातून बाहेर पडता तेव्हा तुम्ही सहसा यानाला एखाद्या केबलनं बांधलेले असता. ते यान जर पृथ्वीभोवती एखाद्या विवक्षित कक्षेत प्रदक्षिणा घालत असेल तर त्याच्या बरोबर तुम्हीही तसेच वक्राकार प्रदक्षिणा घालत राहता. तुमच्या हातून सुटलेली गोळीही मग सरळ पुढं पुढं न जाता त्या कक्षेतच फिरत राहील. तुमचा प्रदक्षिणेचा वेग यानाच्या वेगाएवढाच असेल. पण गोळीचा वेग हा तिला बंदुकीकडून मिळालेला वेग आणि यानाचा वेग यांच्या बेरजेएवढा असेल. त्यामुळे गोळी कमी वेळात प्रदक्षिणा पूर्ण करेल. ती करताना तुम्ही तिच्या वाटेत याल आणि तुम्ही झाडलेली गोळी तुमच्याच पाठीत शिरेल. तुमचाच बळी घेईल. तो अनवस्था प्रसंग टाळायचा तर मग ती बंदूक तिच्या खोबणीतच ठेवलेली बरी नाही का!

ट्रान्झिस्टरचा शोध लागला नसता तर...

'मूर्ती लहान पण कीर्ती महान', असं एक वचन आहे. आकारानं इवलासा, सजीव किंवा निर्जीव; पण जगरहाटीवर प्रचंड प्रभाव पाडतो असाच त्याचा मथितार्थ आहे.

आपल्या स्वातंत्र्याला जितकी वर्षं झाली त्याच वयाचं हे इवलंसं पोर आहे. पण त्यानंही आपल्या जीवनशैलीत, खास करून या महासाथीच्या संकटकाळात कळीची भूमिका वठवली आहे. जळी स्थळी काष्ठी पाषाणी ज्याचा आज संचार आहे असा तो ट्रान्झिस्टर. खरोखरच आकारानं अतिशय लहान. टाचणीच्या अग्रावर असंख्य मावतील इतकंच त्याचं आकारमान. पण त्यानं या संकटकाळी आपलं जगणं सुसह्य करून टाकलं आहे. म्हणूनच मनात विचार येतो की या ट्रान्झिस्टरचा शोध लागलाच नसता तर...! आणि तो विचारही झटकून टाकण्याचीच आपली प्रवृत्ती होते.

असं आहे तरी काय या ट्रान्झिस्टरमध्ये? आज तुमचं जग या ट्रान्झिस्टरच्या जोरावरच तर व्यवस्थित चालू आहे. तुम्ही घरीच बसून काम करताय, वर्क फ्रॉम होम, किंवा तुमची शाळा घरातच भरतेय. ते शक्य झालं आहे कारण तुमच्याजवळ लॅपटॉप किंवा डेस्कटॉप कॉम्प्युटर आहे. तुम्ही घरीच बसून जगाच्या दुसऱ्या टोकाला असलेल्या तुमच्या भावाशी, मुलांशी बोलू शकता आहात, त्यांना पाहू शकत आहात. कारण तुमच्या हातात स्मार्ट फोन आहे. कोरोनापायी सरकारनं जे निर्बंध घातले होते त्यामुळे तुम्ही घरातून बाहेर पडू शकत नव्हता. मग तुम्ही किराणा माल, भाजीपाला, औषधं आणि अशाच जीवनावश्यक वस्तू कशा मिळवत होतात /आहात? तुमच्या स्मार्ट फोनवरचं कुठलं तरी ॲप वापरूनच ना! आणि त्या मालाची किंमतही तुम्ही त्याच फोनचा वापर करून अदा करत आहात ना! ही झाली नुसती वानगी. अशी अनेक इलेक्ट्रॉनिक उपकरणं आज तुमचं जगणं सुसह्य करत आहेत. त्या यच्चयावत उपकरणांचा जीव त्या ट्रान्झिस्टरमध्येच लपलेला आहे. जर ट्रान्झिस्टरचा शोध लागला

नसता तर... तर कदाचित यापैकी काही उपकरणं विकसितच झाली नसती. आणि जी झाली असती ती आकारानं इतकी अगडबंब असती की त्यांची मदत होण्याऐवजी अडचणच होण्याची शक्यता जास्त आहे.

खरं तर ट्रान्झिस्टर म्हणजे एक स्वीच आहे, बटन आहे. ते वापरून तुम्ही विजेचा प्रवाह नियंत्रित करता. पण त्यासाठी अवजड यांत्रिक कळ न वापरता ते विजेच्या दाबाचाच वापर करतं. पॉझिटिव्ह दाब दिला की ते बटन ऑन होतं आणि ते ज्या सर्किटमध्ये गुंफलेलं आहे त्याच्यातून वीज खेळायला लागते. उलट निगेटिव्ह दाब दिला की ते ऑफ होतं आणि अर्थातच विजेचा प्रवाह खंडित होतो. शिवाय त्याच्या लहान आकारामुळे अशी अनेक स्वीचेस आपण अतिशय लहान चकतीवर जोडू शकतो. अशा चकतीलाच चिप म्हणतात. ती चिपच इतकी लहान असते, की मनगटावरच्या घड्याळातही राहू शकते आणि ते घड्याळ चालवते. असं घड्याळ नुसतीच वेळ दाखवत नाही तर ते तुमचं तापमान, रक्तदाब, रक्तातल्या ऑक्सिजनचं प्रमाण, तुमच्या हृदयाचा ठोके मोजू शकतं. तुम्ही दिवसभरात किती पावलं चाललात, किती अंतर धावलात, किंवा इतर व्यायाम किती केलात, तुम्ही किती तास झोपलात, त्यापैकी किती तासाची झोप गाढ होती, किती कूस बदलत काढली होती या सर्वांची नोंद ते घड्याळ ठेवू शकतं. इतकंच काय पण त्या घड्याळातूनच तुम्ही फोन करू शकता, ई-मेल पाहू शकता, त्या मेलचं उत्तर बोलूनच देऊ शकता. ट्रान्झिस्टरपायींच हे शक्य झालं आहे.

सुरुवातीला हे ट्रान्झिस्टर एकेकटेच कामाला जुंपले जात होते. साधा रेडिओ बांधायचा तर एका ट्रान्झिस्टरनं भागत नव्हतं. त्यामुळे त्या प्रारंभाच्या काळातले ट्रान्झिस्टर रेडिओ त्यापूर्वीच्या रेडिओपेक्षा बरेच लहान असले तरी तसे आकारानं मोठेच होते. पण त्यांना लागणारी वीज छोट्या बॅटरीसुद्धा पुरवू शकत असल्यामुळे ते एका ठिकाणाहून दुसरीकडे तुम्ही सहज नेऊ शकत होता. आपली गाडी दारोदारी नेऊन भाजी विकणारा गाडीवाला गळ्यात ट्रान्झिस्टर रेडिओ घेऊन फिरू शकत होता. टेस्ट मॅचची कॉमेन्टरी ऐकण्यासाठी घरीच बसून राहण्याची गरज नव्हती.

अधिक संशोधनानंतर असे असंख्य ट्रान्झिस्टर एकमेकांना जोडून त्यांची महाकाय आणि गुंतागुंतीची सर्किट अंतर्भूत असलेली चिप बनवता येऊ लागली. घरगुती वापराच्या अनेक उपकरणांमध्ये अशी एक चिप बसवून गृहिणीचं काम अधिक सोपं होऊ लागलं. इतकंच काय पण एकेकाळी एक मोठी खोली व्यापणारा संगणक सहजगत्या तुमच्या टेबलावर आणि नंतर तर मांडीवर येऊन बसला. जटिल, गुंतागुंतीची गणितं सोडवू लागला.

या अनोख्या बटनाचं आणखी एक वैशिष्ट्य आहे. एका सेकंदात अशा अनेक बटनांची उघडझाप करता येते. त्यामुळेच तर संगणकाला अभिप्रेत असलेली फक्त

दोनच शब्दांची भाषा ट्रान्झिस्टर वापरू शकतो. दोनच शब्द. 'होय' किंवा 'नाही.' आणि तेही आकड्यांच्या रूपात. एक आणि शून्य. थोडक्यात ऑन किंवा ऑफ. पण अशी अनेक बटनं एकत्र गुंफून टाकता येऊ लागल्यामुळे मग संगणक तुमचीआमची भाषा बोलू लागला. त्याचा वापर करून लिहिता येऊ लागलं. त्या लेखाचं संपादन करायचं तर खाडाखोड न करता स्वच्छ प्रत तयार करता येऊ लागली. संगणक तुमच्या आमच्याशी संवादही करू लागला. त्यासाठी नवीन चिप तयार झाली. पण त्या चिपचा आत्माही ट्रान्झिस्टरमध्येच दडलेला आहे.

आज माहितीचा महापूर उसळला आहे. इंटरनेटवर तऱ्हेतऱ्हेची माहिती आज सहज उपलब्ध झालेली आहे. आपल्याला छळणाऱ्या कोणत्याही प्रश्नाचं उत्तर इंटरनेटवर मिळवणं शक्य झालं आहे. आपण अंतराळयुगात प्रवेश केल आहे. आपलंच यान थेट मंगळापर्यंत जाऊन आलंय. तिथं गेल्यावरही धरतीशी संपर्क ठेवून आहे. घोंघावणाऱ्या वादळाच्या प्रवासाची बित्तंबातमी आपल्याला उपग्रह देत आहेत. त्यामुळेच तर मालमत्तेचं नुकसान आपण किमान पातळीवर राखतो आणि जीवितहानी तर पूर्णपणे टाळतो.

जर ट्रान्झिस्टरचा शोध लागला नसता तर आपलं जगणं आजच्याइतकं सुसह्य झालं असतं का? तुम्हीच करा विचार.

| ११ |

हवेतून पाणी काढायचं असेल तर...

'लाथ मारेन तिथून पाणी काढेन' अशी वल्गना करणारे वीर आपल्याला आढळतात. पण हा केवळ त्यांचा अहंकार अलंकारिक भाषेत व्यक्त होत असतो. खरोखरीच तसं करणारा अजून जन्माला यायचा आहे. जमिनीखालीअसणाऱ्या पाण्याचा उपसा करायचा तर बोअर वेल खणावी लागते. पंपांचा उपयोग करावा लागतो. लाथ मारण्यानं तो कार्यभाग साधला गेला असता तर काय हवं होतं.

अर्थात ते पाणीही जगाची तहान भागवायला पुरं पडत नाही. पाण्याला आपण जीवन म्हणतो. ते योग्यच आहे. एक वेळ अन्नावाचून आपण, खरं तर कोणताही सजीव तग धरू शकेल, पण पाण्यावाचून तो तडफडल्याशिवाय राहणार नाही. याला कोणीही अपवाद नाही. जागतिक आरोग्य संघटनेनुसार पिण्यासाठी, स्वयंपाकासाठी, वैयक्तिक तसंच सार्वजनिक स्वच्छतेसाठी प्रत्येक व्यक्तीला दर दिवशी साधारणपणे पन्नास लिटर पाण्याची आवश्यकता भासते. पृथ्वीवर जमिनीपेक्षा पाण्यानंच जास्त भाग व्यापलेला आहे. तरीही जवळजवळ चार अब्ज नागरिकांना वर्षाकाठी किमान एक महिना पाण्याचं दुर्भिक्ष जाणवतं. आणि पन्नास कोटी लोकांना तर पाण्यासाठी वर्षभर वणवण करावी लागते.

जगाची ही वाढती तहान भागवण्यासाठी स्वच्छ गोड्या पाण्याच्या नवनवीन स्रोतांचा शोध सतत घेतला जात आहे. त्याचीच परिणती म्हणून वैज्ञानिकांची नजर आता हवेत, आपल्या अवतीभवतीच्या वातावरणातल्या पाण्याकडे वळली आहे. त्याचं एक कारण म्हणजे हे पाणी *यत्र तत्र सर्वत्र* उपलब्ध आहे. अगदी वाळवंटासारख्या प्रदेशातल्या तुलनेनं कोरड्या हवेतही ते आहे. दमट किंवा आर्द्र प्रदेशातल्या हवेपेक्षा ते कमी असलं तरी नगण्य नाही. आता तुम्ही म्हणाल की असं असून असून किती असणार आहे हे पाणी? डोंगर पोखरून उंदीर काढावा अशीच तर ही परिस्थिती नसेल?

त्याचं उत्तर निःसंदिग्धपणे नकारात्मक दिलं गेलेलं आहे. कारण वातावरणात एकूण

दीड अब्ज अब्ज लिटर पाणी असल्याचे पुरावे मिळालेले आहेत. दुसऱ्या शब्दांमध्ये सांगायचं तर ते जगातल्या यच्चयावत नद्यांमधून वाहणाऱ्या पाण्याच्या तब्बल सहा पट आहे. अर्थात ते ढगांच्या, धुक्याच्या, वाफेच्या रूपात आहे. त्याचं रूपांतर आपली गरज भागवणाऱ्या द्रवरूप पाण्यात करण्याची उपाययोजना करावयास हवी. तीही केवळ कल्पनेच्या स्तरावर न राहता प्रत्यक्षात उतरेल अशी व कार्यक्षम असायला हवी. शिवाय निरनिराळ्या प्रदेशांमधल्या पाण्याच्या स्थितीनुसार तिचं स्वरूपही बदलतं असायला हवं. सगळीकडे उपयोगी पडेल असं एकच एक तंत्रज्ञान नाही.

त्या दिशेनं आता जगभरातल्या अनेक संशोधन संस्था तसंच औद्योगिक संस्था कामाला लागल्या आहेत. धुक्यामध्ये पाणी तसं द्रवरूप अवस्थेत असतं. पण त्याचे थेंब इटुकले असतात. त्यांचं आकारमान आणि वजन त्यांना हवेतच तरंगत राहायला मदतच करतं. ते जमिनीकडे ओढ घेत नाहीत. ती त्यांना बहाल करायची तर त्या थेंबांना एकत्र येऊन एकमेकांमध्ये विलीन होत त्यांचं आकारमान वाढवायला हवं. मगच ते पावसाच्या रूपात जमिनीकडे झेप घेऊ लागतील. उलटपक्षी दमट हवामान असलेल्या प्रदेशात ते वायुरूपात म्हणजेच वाफेच्या रूपात वावरत असतं. त्याचं द्रवरूपात अवस्थांतर करण्यासाठी त्या वाफेला कोणत्यातरी कणांचा आधार द्यायला हवा. त्या कणांभोवती वेढा घालत मग ते द्रवरूप थेंबांमध्ये अवतीर्ण होऊ शकतात. अशा कणांचा फवारा त्या ढगांवर मारला की आकारहीन वाफेपासून द्रवरूप पाण्याचे थेंब तयार होतात. कृत्रिम पाऊस पाडण्यासाठी सध्या ज्या तंत्रज्ञानाचा वापर केला जातो तेच तत्त्व वापरून पण वेगळ्या रीतीनं त्याचा वापर करता येईल.

जोनाथन बोरेयको हे या विषयातले जानेमाने तज्ज्ञ आहेत. त्यांनी धुक्यातल्या पाण्यासाठी एका खास पृष्ठभागाची निर्मिती केली आहे. त्या पृष्ठभागावर तिथल्या पाण्याचे इवलाले थेंब चिकटून राहतील अशीच त्या पृष्ठभागाची रचना केली गेली आहे. एकमेकांच्या निकट आलेले हे छोटे छोटे थेंब मग एकमेकांना मिठी मारून मोठे होत जातात आणि गुरुत्वाकर्षणाच्या प्रभावाखाली त्या पृष्ठभागावरून ओघळत खालच्या भांड्यात जमा होतात. बोरेयको यांनी तयार केलेले हे पृष्ठभाग व्हॉलीबॉलच्या खेळासाठी वापरल्या जाणाऱ्या जाळ्यासारखे आहेत. फरक एवढाच की त्यातली छिद्रं लहानखुरी आहेत. त्यामुळे धुक्यातले पाण्याचे थेंब त्यात अडकून पडतात. मच्छीमारांनी फेकलेल्या जाळ्यात मासे अडकून पडावे तसे. छिद्रं लहान असल्यामुळे दोन छिद्रांमधलं अंतरही कमी असतं. ते त्या अडकून पडलेल्या थेंबांना एकमेकांजवळ आणत त्यांच्या मीलनाला मदत करतात. उरलेली कामगिरी गुरुत्वाकर्षण पार पडतं.

या जाळ्यांची कार्यक्षमता वाढवण्यासाठी त्यावर काही विशिष्ट रसायनांचं लेपन करण्याचा विचार चालू आहे. पाण्याचा जो पृष्ठतणाव म्हणजेच सरफेस टेन्शन असतं

त्यात या रसायनांच्या मदतीनं वाढ होईल, अर्थातच ते त्या छिद्रांमधून आपली सुटका करून घेऊ शकणार नाही. त्यांना एकत्र आणून घरंगळून जाण्यासाठी मदत करणाऱ्या दुसऱ्या एका रसायनाचाही वापर केला जात आहे. प्रयोगशाळेच्या स्तरावर हे तंत्रज्ञान योग्यरीत्या आपल्यावर सोपवलेली कामगिरी पार पाडतं हे सिद्ध झालं आहे. पण प्रत्यक्षात आणि व्यापक स्तरावर त्याचा वापर करण्यासाठी त्यावर अधिक संशोधन करण्याची आवश्यकता आहे, हे बोरेयको यांना पटलेलं आहे. त्या दृष्टीनंच ते आपल्या पुढच्या प्रकल्पाचा आराखडा तयार करत आहेत.

जर्मनीतील ब्लित्झ यांनी वेगळाच मार्ग अवलंबला आहे. त्यांनी धातू आणि काही सेंद्रिय रसायनं यांची जोड करून अनोख्या संयुगांची निर्मिती केली आहे. त्यांना 'आर्गनोमेटॅलिक कम्पाऊन्ड्स' म्हणतात. त्यांचा रचनाबंध मधमाश्यांच्या पोळ्यासारखा आहे. या पोळ्यांमध्ये लहान लहान षटकोनी खोल्या असतात. त्या एकमेकांना जोडलेल्या असतात. त्यांच्यामध्ये मधमाश्यांनी गोळा केलेला मध साठवून ठेवला जातो. नंतर ते पोळं दाबून त्यातून तो मध बाहेर काढला जातो.

ब्लित्झ यांचं संयुगही असंच लहान लहान षटकोनी कोटरांनी तयार झालं आहे. त्या कोटरांचं घनफळ त्यामध्ये पाण्याचे थेंब अडकून पडतील अशा प्रकारे तयार केलेले आहेत. धुक्यामधलं पाणी त्यात अडकून संपृक्त झालं, की त्यावर दाब टाकून किंवा अन्य रसायनाशी त्याची प्रक्रिया करून त्याची तिथून सुटका केली जाते. खाली ठेवलेल्या बुधल्यात ते गोळा केलं जातं.

ढग, धुकं किंवा तरंगती वाफ, कोणत्याही अवस्थेत वातावरणात हे पाणी वावरत असलं तरी त्याला पकडून त्याचं वाहत्या पाण्यात रूपांतर करण्याच्या तंत्रज्ञान विकासाला आता गती मिळाली आहे. ते प्रत्यक्ष वापराच्या स्थितीला लवकरच पोचेल आणि जगाची तहान भागवण्याच्या कामाला यश येईल अशी आशा वैज्ञानिक बाळगून आहेत.

। १२ ।

पावसाचे थेंब वर जात असतील तर

काही वर्षांपूर्वी मी जर्मनीहून घरी परतत होतो. पावसाळ्याचे दिवस होते. मुंबईला तर या काळात संततधार असते. विमान मुंबईला उतरत होतं. ढगांतून जात होतं. मी खिडकीतून बाहेर पाहत होतो. ढगांच्या वरच्या पातळीवर स्वच्छ सूर्यप्रकाश असल्यामुळे मला विमानाचे पसरलेले पंख नीट दिसत होते. एकाएकी त्या पंखांवर पाण्याचे थेंब उगवत असलेले मला दिसले. मातीत पेरलेल्या बीजातून अंकुर फुटून धरतीवर डोकावावेत तसेच. *अन् मी छेदूनी भूमीचा थर रुजलो होऊनी हिरवे पाते...* या काव्यपंक्तीची आठवण करून देणारा तो विलक्षण जगावेगळा अनुभव. विमानाच्या धातूच्या पंखांना छेदून पाण्याचा थेंब उमलत होता. क्षण दोन क्षणच ते दृश्य दिसलं आणि विमान आणखी थोडं खाली उतरल्यावर पावसाच्या धारांनी खिडकीच्या काचेवर तांडव करायला सुरुवात केली.

पण मी पाहिलेल्या त्या दृश्यानं एक सवाल मनात पिंगा घालू लागला. असं काय झालं होतं त्या क्षणी, त्या उंचीवर, की गुरुत्वाकर्षणाच्या वैश्विक नियमाला मुरड पडावी. पावसाच्या पाण्याचा तो थेंब वरून खाली उतरण्याऐवजी खालून वर उमलून यावा.

खरं तर तेही निसर्गनियमाला अनुसरून झालं होतं. सूर्याच्या उष्णतेनं समुद्राच्या पाण्याची झालेली वाफ आकाशात जमून राहिली होती. तिचेच ते काळे ढग तयार झाले होते. सूर्याचा प्रकाश त्या वाफेनं शोषून घेतल्यामुळे जमिनीवरून पाहताना त्या ढगाचा रंग काळा झाला होता. त्याच वेळी त्या वाफेच्या समवेत असलेल्या धुलीकणांना ती वाफ घट्ट पकडून बसली होती. त्यांना आसपासच्या थंड वातावरणाचा स्पर्श झाला, की त्या बाष्पाचं, वायुरूप पाण्याचं द्रवरूप पाण्यात अवस्थांतर होत होतं. पाण्याच्या इटुकल्या थेंबांचा जन्म होत होता. त्या सोहळ्याचंच दर्शन मला घडलं होतं. कारण ज्या उंचीवर ही थेंबाची प्रसूती होत होती नेमक्या त्या उंचीवर विमान होतं. ढगांमधूनच

जात होतं. त्यामुळेच त्या थेंबाचा जन्मसोहळा हवेत होण्याऐवजी विमानाच्या पंखावर पार पडला होता. म्हणूनच तर तो थेंब असा वरच्या दिशेनं रुजून आल्यासारखा भासला होता.

दुसरा प्रसंग अलीकडचा. केवळ मलाच नाही तर तुम्हालाही त्याचा प्रत्यय कधी ना कधी आलाच असावा. परत पावसाळ्याचे दिवस. पण या वेळचा प्रवास जमिनीवरूनच होत होता. मुंबईहून यशवंतराव चव्हाण द्रुतगती महामार्गावरून पुण्याला चाललो होतो. मोटारीनं चांगलाच वेग घेतला होता. आणि जलधारांनी धुमशान घालायला सुरुवात केली. मोटारीच्या पुढच्या काचेवर, विन्डशील्डवर, पावसाचे टपोरे थेंब पडत होते. भारावल्यासारखा मी त्या जलनृत्याकडे पाहत होतो. वरून पडणारे सगळेच थेंब खालच्या दिशेनं ओघळून वायपर ठेवायच्या खाचेत जाऊन विसावत नव्हते. काही चक्क उलट्या दिशेनं खालून वर छपराच्या दिशेनं जात होते. काही तर थोडा वेळ तिथल्या तिथंच घोटाळत होते. मगच कोणत्या दिशेनं जायचं याचा निर्णय होत होता. परत एकदा त्या प्रश्नाचा भुंगा सतावायला लागला.

अलीकडेच जर्मनीतल्या प्रा. स्टॉल्टेनबर्ग यांनी या आविष्काराचं दिलेलं वस्तुनिष्ठ, तर्कसंगत विवेचन मला वाचायला मिळालं. मोटार जेव्हा वेगात जात असते तेव्हा तिच्या पुढ्यात असलेली हवा ती बाजूला सारत असते. त्या हवेनं मग कुठं जावं? ती मोटारीच्या पाठीमागे जाण्याचा प्रयत्न करते. त्यासाठी मग ती मोटारीच्या दोन्ही बाजूंनी आणि पुढून पाठच्या दिशेनं तितक्याच वेगानं प्रवास करू लागते. पण सरळ आलेला वाऱ्याचा झोत जेव्हा त्या विन्डशील्डवर येऊन आदळतो तेव्हा तो काचेला फोडून पुढं जाऊ शकत नाही. त्याची कोंडी होते. ती फोडण्यासाठी त्याला एकच पर्याय उपलब्ध असतो. काचेच्या उताराच्या विरुद्ध दिशेनं वरच्या मार्गानं छपरावरून पाठच्या दिशेनं जाण्याचा. जितका मोटारीचा वेग त्याच वेगानं शक्यतो हा प्रवास होतो. त्यामुळे त्या हवेच्या प्रवाहाला जोर चढतो. खालच्या दिशेनं जाऊ पाहणाऱ्या आणि वाटेत आडव्या आलेल्या पावसाच्या थेंबालाही वाऱ्याचा तो झोत आपल्याबरोबर घेऊन जातो. त्याच्यावरच्या गुरुत्वाकर्षणाच्या ओढीवर मात करण्याएवढी ताकद त्या वाऱ्याच्या झोताला मिळालेली असते. अर्थात ही ताकद त्याला मिळालेल्या वेगावर अवलंबून असते. जर मोटार मंद गतीनंच प्रवास करत असेल तर तो वाऱ्याचा झोतही मलूल पडलेला असतो. तो स्वतः जरी नाईलाजानं वरच्या दिशेनं प्रवास करत असला तरी आपल्याबरोबर पावसाच्या थेंबालाही वाहून नेण्याइतकी ताकद त्यानं कमावलेली नसते. अशा वेळी वरवर जाणाऱ्या पावसाच्या थेंबाची ती गंमत पाहायला मिळत नाही.

या आविष्कारामध्ये सहभागी होणारा आणखीही एक घटक असतो. त्या थेंबाचं आकारमान आणि अर्थातच त्याची घनता. ती जर जास्त असेल, तो थेंब जर त्या पायी

जड झाला असेल तर मग वाऱ्याच्या रेट्याला तो जुमानत नाही. नैसर्गिक ओढीपायी तो खालच्या दिशेनंच ओघळत जातो. त्या थेंबाचं आकारमान, घनता आणि त्यापायी त्यावर आलेली गुरुत्वाकर्षणाची ओढ याचा सामना वाऱ्याचा वेग आणि त्याची वाहण्याची दिशा यांच्यात होत राहतो. त्यामध्ये वरचढ होणारं बल त्या थेंबाला आपल्या बरोबर नेतं. मात्र ही गंमत फक्त मोटारीच्या पुढच्या काचेवरच दिसते. पाठीमागच्या काचेलाही खालच्या दिशेनं उतार असतो. पण तिच्यावर उतरणाऱ्या वाऱ्याच्या झोताची अडवणूक ती काच करत नाही. मोटारीचा वेग काहीही असो वारा मुक्तपणे छपरावरून काचेला स्पर्शही न करता तसाच पुढं जात राहतो. परिणामी त्या काचेवर पडणाऱ्या पावसाच्या थेंबाला एकच वाट राहते. वरून खालच्या दिशेनं प्रवास करण्याची. तिथं खिळवून ठेवणारा तो अनोखा आविष्कार बघायला मिळत नाही.

जर पावसाचा थेंब खालून वर जात असेल तर मोटार वेगानं सरळ रेषेत पुढं पुढंच जात राहायला हवी, पावसाची संततधारही पडायला हवी आणि पावसाच्या थेंबांचा आकारही साजेसा हवा. तरच या चित्तचक्षुचमत्काराचा अनुभव घेता येईल.

। १३ ।

रासायनिक शस्त्रं वापरली तर

युक्रेनविरुद्धचं युद्ध लांबत चालल्यावर रशियाकडून रासायनिक शस्त्रांचा वापर करण्यात येईल, अशी भीती अमेरिका तसंच युरोपीय राष्ट्रांनी व्यक्त केली होती. त्याला उत्तर म्हणून अमेरिकेनं युक्रेनमधील प्रयोगशाळांमध्ये जैविक अस्त्रं विकसित करण्याचा कार्यक्रम आखला असल्याचा आरोप रशियानं केला. पारंपरिक शस्त्रांचा वापर तेवढा परिणामकारक ठरत नसल्याचा अनुभव आल्यानंतर आता युद्धखोर राष्ट्रं या वेगळ्या प्रकारच्या शस्त्रात्रांकडे वळण्याच्या शक्यतेवर सगळेच गांभीर्यानं विचार करू लागले आहेत. जर खरोखरच रासायनिक शस्त्रांचा वापर केला गेला तर त्याचा प्रतिकार नेमका कसा करायचा, ती शस्त्रं बोथट करण्यासाठी कोणती उपाययोजना करता येईल याचा विचार करणं आता अनिवार्य होऊ पाहत आहे. अर्थात त्यासाठी रासायनिक शस्त्रांचं स्वरूप काय असतं आणि ती आपली कामगिरी कशी बजावतात हे समजून घेण्याची आवश्यकता आहे.

माणसांना किंवा गुरांना इजा पोहोचवण्याची, प्रसंगी त्यांचा जीव घेण्याची क्षमता असणारं कोणतंही विषारी रसायन या शस्त्रांचा गाभा असतो. वनस्पतींचा नाश करणाऱ्या रसायनांचाही यातच समावेश केला जातो. शरीरातील घटकांशी, पेशींशी होणाऱ्या रासायनिक प्रक्रियेद्वारे ही रसायनं विध्वंस घडवून आणतात. तोफगोळे, बंदुकांच्या फैरी, क्षेपणास्त्रे, भूमिगत सुरुंग किंवा साधा फवारा मारणारं कोणतंही उपकरण यांच्या मदतीनं या रसायनांचा मारा करता येतो. अर्थात नेमकं कोणतं रसायन वापरलं आहे यावर ते शरीरावर कोणती प्रक्रिया करणार आहे आणि कोणत्या मार्गानं हानी पोचवणार आहे हे ठरतं.

या रसायनांचे मुख्यतः चार प्रकार केले गेले आहेत. एका प्रकाराला 'नर्व्ह एजंट' असं म्हणतात. मज्जातंतूंवर व एकंदरीतच चेता संस्थेवर त्यांचा घातक परिणाम होतो. चेतासंस्था सर्वच शारीरिक, ऐच्छिक तसंच अनैच्छिक, हालचालींचं नियंत्रण करत

असल्यामुळे अशा प्रकारचा हल्ला म्हणजे 'मूले कुठारः' अशाच प्रकारचा असतो. मुळावरच घाव घातला की मग वृक्ष कोसळून पडायला कितीसा वेळ लागेल, हीच विचारसरणी या प्रकारच्या अस्त्रांचा विकास करण्यास प्रवृत्त करते.

मध्यवर्ती मज्जासंस्था तसंच शरीरभर पसरलेलं मज्जातंतूंचं जाळं यावर या रसायनांचा प्रभाव पडला, की स्नायू मोठ्या प्रमाणावर चाळवले जातात. त्यांची हालचाल अनियंत्रित होऊ लागते. शरीरातील महत्त्वाच्या ग्रंथींच्या कामकाजातही अडथळे निर्माण होतात. परिणामी त्यांच्यामधून पाझरणाऱ्या संप्रेरकांचं प्रमाण अनियंत्रित होतं. ते आवश्यकतेपेक्षा जास्त तरी होतं किंवा एकदम आटतं. साहजिकच त्यांची टोचणी मिळाल्यानं होणाऱ्या शरीरक्रिया विकृत स्वरूप धारण करतात. त्याचा आरोग्यावर अनिष्ट परिणाम होतो. तो जर आटोक्यात आणता आला नाही तर मृत्यूही होऊ शकतो. सारिन, सोमान आणि व्हीएक्स ही या प्रकारची सध्या उपलब्ध असलेली अस्त्रं आहेत. ती द्रवरूप, फवारा, पावडर किंवा धूर यापैकी कोणत्याही स्वरूपात वापरली जाऊ शकतात.

प्रामुख्यानं श्वसनक्रियेला घातक ठरणाऱ्या रसायनांना 'चोकिंग एजंट' म्हटलं जातं. ते सर्वार्थानं समर्पक आहे. कारण ती रसायनं शब्दशः गळा घोटणारी ठरतात. नाक, घसा आणि फुप्फुसं याच्या स्नायूंवर यांचा परिणाम होतो. आणि ते आपली निसर्गदत्त कामगिरी नीटपणे पार पाडू शकत नाहीत. हवेत ती पसरवलेली असतील तर फुप्फुसांमध्ये ती ओढली जातात, तसंच त्वचेमधूनही ती शरीरात शिरकाव करू शकतात. श्वासोच्छ्वासाच्या प्रक्रियेत अडथळे निर्माण झाल्यामुळे शरीरात पर्याप्त प्रमाणात प्राणवायू शोषला जात नाही, तसंच कार्बन डाय ऑक्साईडचा निचराही व्यवस्थित होत नाही. प्राणवायूचं प्रमाण घटलं तर निरनिराळ्या अवयवांना त्याचा पुरेसा पुरवठा होत नाही, त्यांना गरजेची असणारी ऊर्जा मिळत नाही. सर्वच अवयव असे निकामी होऊ लागले तर बाधित व्यक्ती मृत्यूपंथाला लागायला सुरुवात होते. क्लोरिनसारखा एरवी उपयुक्त ठरणारा वायूही 'डॉ. जेकिल ऑण्ड मिस्टर हाईड' सारखं आपलं दुभंगलेलं व्यक्तिमत्त्व दाखवत प्राणघातक ठरू शकतो. वायुरूपातच त्याचा प्रसार करणंही सोपं जातं.

तिसऱ्या प्रकारची रसायनं प्रथम त्वचेवर फोड आणतात. सुरुवातीला नुसतीच खाज येते पण हळूहळू ती वाढत जाऊन लालसर पुरळ उठते. डोळे, बाह्यत्वचा तसंच श्वसनसंस्था ही या रसायनांची लक्ष्यं आहेत. श्वासोच्छ्वासाद्वारे या रसायनांनी शरीराच्या अंतर्भागात प्रवेश मिळवला तर मग अनेक अवयवांना या फोडांची लागण होते. सल्फर मस्टर्ड आणि नायट्रोजन मस्टर्ड ही अशा शस्त्रांची काही उदाहरणं आहेत. त्यांचा हल्ला करण्यासाठी द्रवरूप, धूर, पावडर आणि फवारा यापैकी कोणत्याही मार्गाचा अवलंब

करता येतो.

थेट रक्ताभिसरणावर हल्ला करणाऱ्या रसायनांचा आणखी एक गट आहे. हवेतून घेतलेल्या प्राणवायूचं पेशींना आवश्यक असणाऱ्या ऊर्जेत रूपांतर करण्यासाठी ज्या रासायनिक प्रक्रिया होतात त्यांच्यामध्येच अडथळा आणण्याची व त्यापायी त्यांचं विकृतीकरण करण्याची कामगिरी ही रसायनं पार पाडतात. चहूकडे पाणी असूनही प्यायला थेंब नाही, अशी जी अवस्था होत असते त्याच प्रकारे प्राणवायू भरपूर प्रमाणात उपलब्ध असूनही त्याचा वापर करता येत नाही. मुख्यत्वे श्वासोच्छ्वासातूनच ही रसायनं शरीरात प्रवेश मिळवतात आणि रक्तप्रवाहाद्वारेच शरीराच्या कानाकोपऱ्यात पोचतात. हैड्रोजन सायनाईड आणि सायनोजेन क्लोराईड ही या प्रकारची महाविघातक अस्त्रं आहेत.

ही झाली पारंपरिक रासायनिक शस्त्रं. पण ज्या प्रकारे अल कायदानं अमेरिकेवर हल्ला करताना प्रवासासाठी वापरल्या जाणाऱ्या विमानांनाच शस्त्र बनवलं होतं, त्याच प्रकारे एका अनोख्या रासायनिक शस्त्राचा वापर रशियनांनी लिटव्हिनेन्को या गुप्तहेराविरुद्ध केला होता. लिटव्हिनेन्को हा रशियाच्या केजीबी या गुप्तहेर संस्थेचाच घटक होता. पण तो पाश्चात्त्य राष्ट्रांना सामील झाला होता आणि इंग्लंडमध्ये त्यानं स्थलांतर केलं होत. तिथं तो असतानाच रशियाचे दोन गुप्तहेर तिथं पोचले आणि लिटव्हिनेन्कोला चहापानाला बोलावून त्यांनी त्याच्या चहाच्या प्याल्यात पोलोनियम हा किरणोत्सर्गी पदार्थ मिसळला. तो लिटव्हिनेन्कोच्या शरीरात मिसळल्यावर त्याच्या प्रभावाखाली तो अक्षरशः तिळ तिळ मरत गेला.

रासायनिक शस्त्रांची ओळख पटली असली तरी त्यांच्या परिणामांवर कोणताही इलाज अजून तरी सापडलेला नाही. जर त्यांचा वापर केला गेलाच तर त्यानंतर त्याला विरोध करणं कठीणच नव्हे तर अशक्यच आहे. त्यांना रोखण्याचे, त्यांचा वापर होऊ न देण्याचे जे काही मार्ग आहेत त्यांच्यावरच विसंबून राहावं लागत आहे. म्हणूनच अलिखित आंतरराष्ट्रीय करारानुसार त्यांच्या वापरावर अघोषित बंदी आहे, अर्थात त्याचं पालन करण्यासाठी राष्ट्रशासकाची सद्सद्विवेकबुद्धी जागृत असेल तर...

ज्वालामुखीचा उद्रेक झाला तर...

जगभरात अनेक ज्वालामुखी आहेत. बहुतांशी ते निद्रित अवस्थेत आहेत. त्यामुळे त्यांच्या अस्तित्वाची चाहूलही लागत नाही. पण मधूनच एखाद्याला जाग येते आणि त्याचा उद्रेक होतो तो तिथं असल्याची खूण मिळते. अलीकडेच इंडोनेशियात अशाच एका ज्वालामुखीचा उद्रेक झाला. गेल्या वर्षी इटलीमध्येही असाच एक ज्वालामुखी खडबडून जागा झाल्यासारखा उफाळला होता. 'जर ज्वालामुखीचा असा उद्रेक झाला तर...', हा सवाल साहजिकच अनेकांच्या मनात झिम्माफुगडी घालू लागला होता.

त्याचं उत्तर मिळवायचं तर मुळात ज्वालामुखींचा जन्मच कसा झाला, याचा विचार करायला हवा. जेव्हा धरतीचा जन्म झाला आणि ती धगधगत्या गोळ्यासारखी होती, त्यावेळी सतत कोणता ना कोणता ज्वालामुखी खदखदत असे. जसा हा गोळा थंड होऊन धरतीला आकार येऊ लागला तसे तेही थंडावले. आपल्या पृथ्वीच्या अंतरंगाचं स्वरूप आणि तिथं होत असणाऱ्या प्रक्रिया ज्वालामुखीला जन्म देत असतात. ज्याला आपण जमीन म्हणतो ते धरतीमातेचं कवच आहे. पृथ्वीच्या केंद्रबिंदूपासून समुद्रसपाटीपर्यंतचं अंतर लक्षात घेतलं तर हे कवच पातळच म्हणायला हवं. तेही परत सलग एकसंध नाही. अनेक छोट्यामोठ्या तुकड्यांमध्ये ते विखुरलेलं आहे. या तुकड्यांना 'टेक्टॉनिक प्लेटस' म्हणतात. त्याही एका जागी स्थिर नाहीत. त्यांची सतत हालचाल सुरू असते. त्याचं कारण त्या कवचाखालच्या भागात अजूनही पृथ्वी प्रचंड तापलेली आहे. तिथलं तापमान एवढं चढेल आहे, की तिथले कातळही त्या पर्यावरणात वितळतात. त्यांचा मॅग्मा म्हणजेच शिलारस होतो. तो द्रवरूप असल्यामुळे त्याच्यात लाटा उठतात, प्रवाह वाहतात. तेच त्याच्यावर तरंगणाऱ्या टेक्टॉनिक प्लेटसना सतत चल ठेवतात.

हे असे विहरणारे तुकडे कधी एकमेकांच्या दिशेनं प्रवास करतात. त्यांची परिणामी टक्करही होते. तर इतर काही तुकडे एकमेकांपासून दूर जाऊ पाहतात. काही तर एकमेकांना घसटत एकमेकांच्या विरुद्ध दिशेनं जाऊ पाहतात. या साऱ्या हालचालींपायी

भूकंप होतात. परिणामी त्या कवचाला भेगा पडतात, त्यांच्यामध्ये फटी तयार होतात. कवचाखाली अडकलेला मॅग्मा घनरूप कवचापेक्षा हलका असल्यामुळे वरच्या दिशेनं जाऊ पाहतो. कवचाला पडलेल्या भेगा, फटी ही संधी त्याला मिळवून देतात. त्याच्या दबावाखाली तो शिलारस जोरानं, वेगानं, धसमुसळेपणा करत उफाळतो. तोच ज्वालामुखीचा उद्रेक.

या उद्रेकाचेही दोन प्रकार आहेत. ज्वालामुखीचा उद्रेक झाला तर काय होईल, हे त्या ज्वालामुखीचं स्वरूप आणि तो ज्या टेक्टॉनिक प्लेटवर बसलेला असतो त्यावर अवलंबून असतं. जिथं दोन प्लेटस एकमेकींच्या दिशेनं, त्यांची टक्कर होईल अशा प्रकारे प्रवास करत असतात तिथं संयुक्त ज्वालामुखी अस्तित्वात येतात. त्यांच्यातून बाहेर पडणारा आणि काही प्रमाणात घट्ट होणारा शिलारस म्हणजेच लाव्हा अतिशय दाट असतो. शिवाय तो चिकटही असतो. त्याच्यामध्ये अडकून पडलेले वायूंचे बुडबुडे स्वतःची सहजासहजी सुटका करून घेऊ शकत नाहीत. ते त्यासाठी जोर लावून धडपड करत राहतात. त्यामुळेच त्या ज्वालामुखींचा उद्रेक स्फोटक अवतार धारण करतो. गरम राख आणि कातळांचे तुकडे हवेत फेकले जातात. उंच उंच उडतात. वारे त्यांना दूरदूरवर वाहूनही नेतात. अशा प्रकारचा उद्रेक खूपच धोकादायक असतो. तो विध्वंसक होतो.

जिथं प्लेटस एकमेकांपासून दूरदूर जाण्याचा प्रयत्न करतात अशा सीमारेषेवर दुसऱ्या प्रकारचे ज्वालामुखी जन्म घेतात. त्यांचा लाव्हा तुलनेनं पातळ असल्यामुळे जास्त प्रवाही असतो. तो वेगानं पसरत जातो. हवाई बेटावर अशा प्रकारचे अनेक ज्वालामुखी आहेत. किंबहुना त्या बेटांचा जन्मच एका ज्वालामुखीच्या उद्रेकापायी झाला होता. आपलं दख्खनचं पठारही घनरूप धारण केलेल्या, घट्ट झालेल्या लाव्हारसाचंच बनलेलं आहे.

जर ज्वालामुखीचा उद्रेक झाला आणि त्यातून उसळणारा लाव्हा जर अतिशय उष्ण असेल तर फार मोठं नुकसान होतं. गावंच्या गावं बेचिराख होतात. शेतजमीनही नापिक होते. त्याच्या साथीनं बाहेर पडलेली राख हवेत उडते. ती नीट श्वासोच्छ्वास करू देत नाही. माणूस घुसमटतो. विमानांच्या उड्डाणालाही ती घातक ठरते. २०१०मध्ये आईसलँडमध्ये झालेल्या ज्वालामुखीच्या उद्रेकापायी एक लाख विमानोड्डाणं रद्द करावी लागली होती. एक कोटी प्रवासी खोळंबून राहिले होते. जवळजवळ शंभर अब्ज रूपयांचं नुकसान सोसावं लागलं होतं.

अर्थात ज्वालामुखीचा उद्रेक नेहमीच विघातक असतो असं नाही. काही वेळा तो विधायकही ठरू शकतो. जसा तो शेतजमीन नापिक बनवतो तसाच एक प्रकारचा उद्रेक अतिशय सुपीक शेतजमीन तयारही करतो. तिथं चांगली कमाई करणारी शेती करता येते. निसर्गसौंदर्यानं नटलेला प्रदेशही अस्तित्वात येतो. पर्यटनाला मदतीचा हात देतो.

हवाई बेटं हे याचं बोलकं उदाहरण आहे. उद्रेकापायी निर्माण झालेल्या उष्णतेचा वापर करून वाफ तयार करता येते. तिला टर्बाइन चालवायला लावून वीजउत्पादन करता येतं.

सर्वच ज्वालामुखी जमिनीवर आहेत असं नाही. समुद्राच्या पोटातही ज्वालामुखी आहेत. अशाच एका ज्वालामुखीच्या उद्रेकातून सागराच्या अंतरंगातून काही जमीन पृष्ठभागावर आली. तीच आजची हवाई बेटं. तिथं असलेला 'मौना लुआ' हा ज्वालामुखी पर्यटकांचं आकर्षण आहे, त्याच्या डोक्यावरून विमानानं जात त्याच्या आत डोकावून पाहता येतं. 'किलाऊआ' हा दुसरा एक ज्वालामुखी अजूनही धुमसत आहे. त्यापायी त्या बेटांच्या आग्नेय किनाऱ्याची जडणघडण सतत बदलत आहे. 'लोही' हा अजूनही सागरात खोलवर असलेला ज्वालामुखी अजून काही हजार वर्षं तरी आपलं डोकं पाण्याच्या वर आपलं डोकं काढणार नाही की त्याचा उद्रेकही होणार नाही, असाच वैज्ञानिकांचा होरा आहे. तो तसाच निद्रिस्त राहणार आहे.

इंडोनेशियामधील 'टाम्बोरा' ज्वालामुखीचा १८१५मध्ये झालेला उद्रेक हा अलीकडच्या काळातला सर्वांत जास्त स्फोटक आणि विध्वंसक गणला जातो. त्यातून अतिशय उष्ण लाव्हा तर प्रचंड वेगानं उफाळून आलाच पण राख आणि तप्त वायू आकाशात उंचावर, अगदी स्ट्रॅटोस्फिअरच्या पातळीपर्यंत उडवले गेले. साठ हजार लोकांनी या उद्रेकात प्राण गमावले. आकाशात बराच काळ राख साचून राहिल्यामुळे सूर्याची उष्णता धरतीपर्यंत पोचू शकली नाही. परिणामी युरोप आणि उत्तर अमेरिकेतलं सरासरी तापमान तीन अंश सेल्सियसनं घटलं. ते वर्ष उन्हाळाविरहित म्हणूनच ओळखलं जातं.

हवामानात तसंच पृथ्वीच्या रचनाबंधात आमूलाग्र बदल घडवण्याची क्षमता असलेल्या ज्वालामुखीच्या उद्रेकाचं भाकीत करणं मात्र अजूनही वैज्ञानिकांना शक्य झालेलं नाही. ते करता आलं तर मालमत्तेची नसली तरी जीवितहानी टाळता येऊ शकेल.

| १५ |

सर्वांनी एकसाथ उडी मारली तर...

'लाथ मारेन तिथं पाणी काढेन', अशी बढाई काही नरपुंगव मारताना आपण ऐकतो. आपल्या पायांत इतकी ताकद आहे, की त्याच्या तडाख्यापायी धरणीला भेग पडून त्यातून भूमिगत पाण्याच्या साठ्यापैकी काही बाहेर पडून त्याचं कारंजं उडेल, असा त्यांच्या विधानाचा शब्दशः अर्थ आहे. वास्तवात मात्र परिस्थिती वेगळी आहे. जगातल्या सर्वांत वजनदार असामीनं आपल्या अंगातली सगळी ताकद एकवटून जमिनीला आपल्या पायाचा तडाखा लगावला तरी त्या भूमीला ढिम्म होणार नाही. उलट तशी वल्गना करणाऱ्या व्यक्तीचा पाय मोडण्याचीच शक्यता जास्त आहे. पण त्या दोघांचा एकत्रित मोमेन्टम मात्र तेवढाच राहील. त्यात बदल होणार नाही. तरीही त्यातली जी वस्तू अधिक वजनदार असेल तिचा तुलनेनं हलक्या वस्तूवरचा प्रभाव जास्त असेल. लहानपणी खेळलेल्या गोट्यांचा खेळ आठवा. हातातल्या बल्यानं इतस्ततः पसरलेल्या कोणत्याही गोटीवर मारा केला तर ती तिथून दुसरीकडे हलवली जाईल. किती वेगानं हा मारा झाला आहे त्यावर ती किती दूर जाईल हे ठरेल. उलट त्या लहान गोटीनं बल्ल्यावर मारा केलात तर तो स्थितप्रज्ञासारखा जागच्या जागीच राहील. भौतिक विज्ञानानं याचा सविस्तर अभ्यास करून नेमके नियम गणिताच्या चौकटीत बसवलेले आहेत.

पृथ्वीचं वजन तिच्यावर वास करणाऱ्या कोणत्याही व्यक्तीच्या मानानं कैक पटीनं अधिक आहे. त्यामुळेच त्या व्यक्तीनं कितीही जोर लावला तरी तिच्या लाथेचा पृथ्वीवर होणारा परिणाम नगण्य असतो. कितीही संवेदनशील उपकरण घेतलंत तरी त्याचं मोजमाप करणं जमणार नाही. पाणी वगैरे काढण्याची बातच सोडा.

आपण जेव्हा चालतो तेव्हा उचललेला पाय खाली आणत आपण जमिनीवर दाब देतो. जमीन घन आणि टणक असल्यामुळे ती दबत नाही पण त्या क्रियेची तेवढ्याच मात्रेची प्रतिक्रिया होऊन जमीन आपल्या पायाला वर ढकलते. त्यापायीच आपण

वाटचाल करू शकतो. वाळू टणक नसते, मऊ असते. ती दबते आणि तेवढ्या जोमाचा प्रतिकार करू शकत नाही. म्हणून तर आपल्याला वाळूतून तेवढ्या सुरळितपणे चालणं जमत नाही.

आता समजा आपण उडी मारली तर खाली येताना गुरुत्वाकर्षणाच्या ओढीपायी आपला वेग वाढलेला असेल. त्या वेगाचा वजनाशी गुणाकार होऊन आपल्या शरीराच्या जमिनीवर होणाऱ्या आघाताची मात्रा जास्त असेल. तरीही त्यामुळे ती जमीन हलल्याचा प्रत्यय मिळणार नाही. पण समजा एक दोन नाही तर जगातल्या सगळ्या लहानथोर व्यक्तींनी एकाच वेळी एकसाथ उडी मारली तर त्यांच्या एकत्रित वजनापायी जमिनीवर होणाऱ्या आघाताची मात्रा अब्जपटीनं वाढलेली असेल. मग त्याचा प्रभावही तेवढाच जास्त असेल. तो जाणवणारा असेल ना! त्याची काही दृश्य प्रचिती नाही का मिळणार?

ते अजमावण्यासाठी एक अनोखा आणि जगावेगळा प्रयोग करावा लागेल. आज मितीला जगाची लोकसंख्या साडेसात अब्ज आहे. एवढ्या मंडळींना एकत्र आणून एकसाथ कोणतीही गोष्ट करायला सांगण्यासाठी भगीरथ प्रयत्न करावे लागतील, यात शंका नाही. तरीही आजच्या फेसबुक, इन्स्टाग्राम, व्हॉट्सॲपच्या जमान्यात तेही शक्य करता येईल कदाचित. तेव्हा ते साध्य झालं आणि सर्वजण एका विशिष्ट वेळी आपापल्या जागी उभे राहिले. एक, दोन, तीन म्हणताच सगळ्यांनी एकसाथ उडी मारली तर खाली येताना त्यांचा जो एकत्रित दाब धरतीवर पडेल त्याच्या परिणामी ती हलेल की नाही? असा प्रयोग प्रत्यक्षात केला गेला नसला तरी आइन्स्टाइनला साक्षी ठेवून 'थॉट एक्सपरिमेन्ट' केला गेलाय. आणि सर्वांनी एकसाथ उडी मारली तर? या प्रश्नाचं उत्तरही मिळवलं गेलंय.

प्रत्येकानं आपापल्या जागीच उडी मारली तरी सगळी वस्ती विखुरली गेलेली असल्यानं तिचा एकत्रित भार पृथ्वीवीवर विखुरलेलाच असेल. त्यामुळे एका व्यक्तीच्या उडीपायी पडणाऱ्या दाबा एवढाच तो असेल. त्याचा काहीही परिणाम होत नाही हे आपण पाहिलंच आहे.

शिवाय पृथ्वी गोलाकार असल्यामुळे प्रत्येक व्यक्तीच्या विरुद्ध बाजूलाही तशीच एखादी व्यक्ती असेल. नेमकी १८० अंशावर. त्यांची दिशा एकमेकांच्या विरुद्ध असेल. त्यामुळे त्यांचा पडणारा दाबही एकमेकांच्या विरुद्ध दिशेनं काम करणारा असणार. त्यांची वजाबाकी होऊन नक्त दाब शून्यच असेल. तर मग त्याचा काही दृश्य परिणाम कसा दिसेल!

तसा तो दिसावा अशी इच्छा असेल तर मग या साडेसात अब्ज मंडळींना एका जागी आणावं लागेल. ते जमेल? पण आपण 'जर तर'च्याच गोष्टी करत असल्यामुळे ते जमेल हे गृहीत धरूया. मंडळी एकत्र जमली, खांद्याला खांदा भिडवून उभी राहिली

तर किती जागा व्यापतील? 'माणसाला किती जागा लागते?' असा सवाल टॉलस्टॉयनं केला होता. आणि त्याचं उत्तर साडेतीन फूट असं आलं होतं. इथंही जवळजवळ तसाच प्रकार आहे. एवढ्या जमावाला तसं उभं राहण्यासाठी एकंदर आठशे चौरस किलोमीटर जागा लागेल. मुंबईचं क्षेत्रफळ आहे सहाशे चौरस किलोमीटर. म्हणजे मुंबई आणि नवी मुंबई एकत्रित करून जेवढं क्षेत्रफळ होईल तेवढ्या जागेवर हा मेळावा उभा राहू शकेल. त्या दाटीवाटीत राहूनही एकसाथ उडी मारण्याची कसरत समजा केली गेलीच तर त्यानं काय होईल? ... गणित सांगतं, काहीही नाही.

खरं तर हे काही खरं नाही. तुमच्याआमच्यासाठी हे बरोबर आहे. पण वैज्ञानिक अचूकता हवी असेल तर 'काहीही नाही' असं म्हणून चालणार नाही. कारण कोणतीही कृती केली की तिचा परिणाम तर होणारच. आता तो परिणाम जाणवण्याइतपत मोठा नसेल, अगदी अतिशय संवेदनशील उपकरण घेतलंत तरी त्याच्यावर त्या परिणामाची सहजासहजी नोंद होणार नाही. म्हणूनच आपण म्हणायचं की काहीही नाही.

तर आपण कोणत्याही वस्तूवर लाथ मारली की ती हलल्याशिवाय राहणार नाही. इथं तर साडेसात अब्ज व्यक्ती एकसाथ धरतीवर जोरानं प्रहार करताहेत. त्यामुळे ती धरती आपल्या जागेवरून ढळल्याशिवाय राहणार नाही. किती ढळेल? हैड्रोजनचा अणू ही विश्वातली सर्वांत लहान चीज. या हैड्रोजनच्या अणूच्या रुंदीपेक्षाही कमी अंतर ती ढळेल. आणि आकाशात मीटर दीड मीटर उंची गाठून ही मंडळी परत धरतीवर आली की पृथ्वीही परत आपल्या जागेवर येऊन धडकेल. जणू मध्यंतरीच्या काळात काही झालंच नव्हतं. साडेसात अब्ज व्यक्तींनी मिळून काही उपद्व्याप केलाच नव्हता...

तो आर्किमिडीज म्हणाला होता, की ''मला एक तरफ आणून द्या. आणि ती ठेवायला योग्य जागा दाखवा. मी पृथ्वी हलवून दाखवेन.'' तेही सांगायला ठीक आहे. प्रत्यक्षात तोही आपली वाणी खरी करून दाखवू शकला नाही. मग तुमची आमची काय कथा!

। १६ ।

इमारत कोसळण्यापासून वाचवायची असेल तर...

अलीकडेच वर्तमानपत्रात वाचलं, की शहराच्या जुन्या भागात कुठं तरी एक सहा मजली इमारत कोसळली. वास्तविक दररोज अशी बातमी कुठं ना कुठं येतच असते. कोसळलेली ती इमारत जराजर्जर झाली होती, कोणत्याही क्षणी ती कोसळून पडेल असा इशाराही महापालिकेनं दिलेला होता. आणि रहिवाशांनी ती खाली करावी, सोडून जावी असा संदेशही दिला होता. काही जणांनी तो मानला होता. पण काही जण मात्र जीव मुठीत धरून अजूनही तिथंच राहत होते. त्याची कारणं काही असतील, पण त्यामुळे ती इमारत जमीनदोस्त होणं थांबणार नव्हतं. तसंच झालं. बघता बघता इमारत भुईसपाट झाली आणि त्या बरोबर काही रहिवासीही तिच्या ढिगाऱ्याखाली गाडले गेले. त्यांना वाचवण्याचे प्रयत्न जवळपासचे रहिवासी आणि अग्निशमन दलाचे कर्मचारी यांनी केले. त्यात त्यांना यश आलंच असं नाही. बऱ्याच रहिवाशांच्या आयुष्याचा अंत झाला.

ही आपल्याकडचीच गोष्ट आहे असं नाही. कित्येक विकसित परदेशांमध्येही इमारती कोसळतात. वित्तहानी तर होतेच पण प्रसंगी जीवितहानीही टळत नाही. जर इमारत कोसळण्याच्या कड्यावर उभी असेल तर तशी चिन्हं दिसतात. त्यांची दखल घेत तसा इशाराही देता येतो. त्याला कितपत दाद द्यायची हे तिथल्या रहिवाशांच्या मानसिकतेवर अवलंबून असतं. तरीही मुळात एखादी इमारत अशी का कोसळते, हा सवाल मनात पिंगा घालत राहतोच.

माणसाच्या शरीराप्रमाणे इमारतीचंही आयुर्मान असतं. ती बांधताना तिचं आयुष्य किती असायला हवं याचा विचार करून त्यानुसार आराखडा बनवला जातो. ते झालं अपेक्षित आयुर्मान. ते गाठायचं तर वेळोवेळी तिची निगराणी, डागडुजी करणंही तितकंच आवश्यक असतं. कारण ती इमारत तिन्हीत्रिकाळ ऊन, वारा, पाऊस यासारख्या नैसर्गिक घटकांना तोंड देत उभी असते. इमारतीच्या बांधकामात जे पदार्थ वापरलेले

असतात त्यांची त्या घटकांशी विक्रिया होऊन त्यातून त्या पदार्थांचं स्वरूप बदलतं. त्यांच्याकडून आता अपेक्षित कामगिरी पार पडू शकत नाही. त्या बदलांची वेळीच दखल घेत योग्य ती उपाययोजना केली तर इमारत तेवढ्याच डौलानं उभी राहू शकते. पण तशी काळजी नेहमीच घेतली जात नाही. आणि मग त्या इमारतीच्या स्वास्थ्याला बसलेला तो धक्का क्षणभंगुर न राहता कायमस्वरूपी होऊन जातो. इमारतीच्या तंदुरुस्तीला धक्का पोचतो.

जी साधनसामग्री वापरून इमारतीचं बांधकाम झालेलं असेल ती जसजसा काळ उलटेल तसतशी कमकुवत होत जाते. माणूस म्हातारा होत चालला की त्याची हाडं आणि स्नायू पूर्वीच्याच क्षमतेनं काम करू शकत नाहीत. साहजिकच जे अवयव या दोन घटकांनी बांधलेले असतात तेही कमकुवत होत जातात. सर्वच शरीर थकत जातं. वेळोवेळी उपाययोजना केली, नियमित व्यायाम केला, आहारावर नियंत्रण ठेवलं तर ही होणारी झीज आपण काही प्रमाणात रोखू शकतो. पण ती संपूर्णपणे थांबवू शकत नाही. केवळ आयुष्य थोडं फार लांबवता येतं.

इमारतींच्या बाबतीतही हे तितकंच खरं आहे. पूर्वीच्या काळी इमारती दगडाचे चिरे आणि चिखल यांनी बांधल्या जात होत्या. त्या छोट्या फार उंच नसलेल्या होत्या. आजकाल बहुतेक इमारती बहुमजली असतात. नुसतेच चिरे आणि चिखल वरवरच्या मजल्यांचा भार सहन करू शकत नाहीत. म्हणूनच आता इमारतींच्या घटकांमध्ये आमूलाग्र बदल झाला आहे. पोलादी सळ्या आणि सिमेंट हे इमारतींचे दोन प्रमुख घटक झाले आहेत. त्या पोलादी सळ्यांनाही आवळून आणि त्यांच्या मधला तणाव वाढवून त्यांची भार पेलण्याची क्षमता वाढवली जाते. यांच्या चौकटीमध्ये विटा ठेवून त्याही सिमेंटनं एकमेकींशी जोडल्या जातात. या तिन्ही घटकांना पर्यावरणाला सतत तोंड द्यावं लागतं. ऊन, वारा, पाऊस यांच्याशी त्यांचा सतत संपर्क होत असतो. पाण्याशी होणाऱ्या मुकाबल्यापायी पोलाद गंजतं. त्याची मूलभूत क्षमता कमी होते. तसंच त्याच्याशी ज्या जोमानं सिमेंट जोडलेलं असतं तो सांधाही कमजोर होत जातो. हवेतलं क्लोराईड आणि क्षार सिमेंट तसंच पोलाद दोघांनाही छळतात.

सिमेंटमध्ये वाळू मिसळलेली असते. वाळू सिलिकॉनपासून बनते. सिमेंटमधील अल्कलीचा या सिलिकॉनशी संबंध आल्यामुळे एक लापशीसारखा गोळा तयार होतो. त्यात पाणी मिसळलं की तो फुगतो. आतल्या आतून त्याच्यावर येणाऱ्या दबावापोटी ही प्रक्रिया अधिकच जोर धरते. काही कारणांनी जर कॉन्क्रिटची क्षारांशी प्रक्रिया झाली तर ते फार लवकरच खराब होतं. बांधकामासाठी वापरलेल्या साहित्याची झीज मुख्यत्वे इमारत आडवी होण्याला कारणीभूत असते. खास करून टॉयलेट ब्लॉकचा तर पाण्याशी सतत संपर्क येत असतो. त्या पाण्यात शुद्धीकरणासाठी तसंच इतरही

कारणांसाठी क्षारांचा मोठ्या प्रमाणावर वापर होतो. तेच मग त्या बांधकामाचे शत्रू बनतात.

हे झाले मूलभूत घटक. पण ते त्या मूळ स्वरूपातच इमारतीमध्ये येत नाहीत. इमारतीच्या आराखड्यानुसार, तिला पेलाव्या लागणाऱ्या भारानुसार त्या मूलतत्त्वांच्या निरनिराळ्या आणि गुंतागुंतीच्या रचना होतात. त्या रचना शुद्ध स्वरूपात जोवर आहेत तोवर इमारत मजबूत असते. पण त्यातल्या कोणत्याही एका घटकाच्या नियोजित रूपात बदल झाले तर इमारतीच्या तंदुरुस्तीला धक्का पोचू शकतो.

राहत्या इमारतींमध्ये निरनिराळ्या आकाराच्या सदनिका असतात. बांधकामाच्या वेळी त्यांचा सुसंबद्ध सहभाग असावा या दृष्टीनं त्यांचे आराखडे बनवले जातात. पण काही वेळा त्या सदनिकांचे मालक किंवा सदनिकांमधील रहिवासी आपल्या गरजांनुसार, आवडींनुसार त्यात बदल करत जातात. ते करताना नेहमीच मूळ आराखड्याला बगल दिली जाते. ती देताना त्यांच्या भार तोलण्याच्या क्षमतेत काही फरक पडत असेल तर त्याची दखल घेतली जातेच असं नाही. परिणामी इमारतीचं एकसंधपण भंग पावतं. त्याचा एकंदर इमारतीच्या क्षमतेवर आणि मजबुतीवर अनिष्ट परिणाम होतो. इमारत कोसळायला हे बदलही कारणीभूत ठरतात.

ते टाळायचं असेल तर वेळोवेळी आणि नियमितपणे इमारतीच्या तंदुरुस्तीची पाहणी करणं आवश्यक ठरतं. जर काही अनिष्ट परिणाम झालेच असतील तर त्यांची वेळीच डागडुजी करणंही आवश्यक ठरतं. अशा प्रकारचं स्ट्रक्चरल ऑडिट करताना केवळ नजरेवर अवलंबून राहणं चालत नाही. आज अनेक नवी तंत्रज्ञानं उपलब्ध झाली आहेत. ज्याप्रमाणं क्ष-किरण किंवा एमआरआय यासारख्या तंत्रज्ञानाचा वापर करून शरीराची मोडतोड किंवा काटछाट न करता त्याच्या निरोगीपणाचा आढावा घेता येतो तसाच इमारतीच्या एकंदरीत तसंच घटकांच्याही तंदुरुस्तीविषयी सखोल माहिती देणारी अल्ट्रासाऊंडसारखी तंत्रज्ञानं उपलब्ध आहेत. त्यांचाही वापर केल्यास 'अधिकस्य अधिकं फलम्' मिळतं. आणि इमारत कोसळण्यापासून वाचवता येते.

।१७।

प्रतिसूर्य साकारायचा असेल तर

दिवी सूर्यसहस्रस्य भवेत् युगपद्युत्थिगता
यदि भाः सदृशी स्यात् सा भासस्तस्य महात्मनः

सहस्र सूर्यांचं तेज एकाच वेळी जर आकाशात प्रकटलं तर त्याची जी प्रभा होईल ती त्या परमात्म्याची असेल.

जेव्हा अलॉमोगार्डोच्या वाळवंटात नव्यानंच तयार केलेल्या पहिल्या अणुबॉम्बचा चाचणी स्फोट घडवून आणला गेला त्यावेळी जो आग्यामोहोळ प्रकटला तो पाहून त्याच्या निर्मात्याला, जे रॉबर्ट ओपनहायमरला, भगवद्‌गितेतल्या या श्लोकाची आठवण झाली. त्याच्या तोंडून त्याचं पठण झालं. तो आविष्कार अर्थात अणुभंजनाच्या प्रक्रियेतून उमटला होता. युरेनियमच्या एका अणुकेंद्रात एका अतिरिक्त न्यूट्रॉनचा समावेश झाल्याबरोबर त्याचं विभाजन होऊन त्यातून फार मोठ्या प्रमाणात ऊर्जा रोरावत बाहेर पडते. त्याचबरोबर तीन न्यूट्रॉनचंही उत्सर्जन होतं. ते आणखी तीन अणुकेंद्रांचं विभाजन करतात. अशा तऱ्हेनं साखळी प्रक्रिया तयार होत एका वेळी इतक्या अणुकेंद्रांचं एकसाथ विभाजन होतं की स्फोटक परिस्थिती तयार होते.

अणुविभाजनाच्या प्रक्रियेतून उद्भवणाऱ्या ज्या ऊर्जेच्या दर्शनानं ओपनहायमरला सहस्र सूर्यांच्या तेजाची आठवण झाली त्या सूर्यांकडून उत्सर्जित होणारी ऊर्जा त्याच्या शतपटीनं असते. पण ती उसळते अणुमीलनाच्या प्रक्रियेतून. सर्वांत जड नैसर्गिक मूलतत्त्व युरेनियमचं. तो अस्थिर असल्यामुळे त्याचं विभाजन सहजासहजी होऊ शकतं आणि प्रचंड प्रमाणात कोंडून पडलेली ऊर्जा बाहेर पडते. तशीच सर्वांत हलक्या असलेल्या हायड्रोजन वायूच्या अणूंचं मीलन झाल्यामुळेही फार मोठ्या प्रमाणात ऊर्जा बाहेर पडते. सूर्याच्या अंतरंगात या अनोख्या अणुभट्ट्या सतत धडधडत असतात. त्यातूनच तो आपल्याला ऊर्जा देतो. पृथ्वीवरील जीवनाचा आधार बनतो. अणुमीलनाच्या प्रक्रियेतून

मिळणारी ही ऊर्जा स्वच्छ असते. त्यातून पाण्याची निर्मिती होते. त्याची वाफ बाहेर पडते. इतर धोकादायक उच्छिष्टही बाहेर पडत नाही. त्यामुळे त्या ऊर्जेला स्वच्छ ऊर्जा, हरित उर्जा असंच म्हटलं गेलं आहे.

जर अशीच अणुमीलनाची प्रक्रिया असलेली अणुभट्टी इथंच पृथ्वीवर तयार केली तर आपल्या अशी ऊर्जा मिळू शकेल. सध्याचा ऊर्जा आणि हवामान बदलाचा, प्रदूषणयुक्त ऊर्जेचा जो तिढा निर्माण झाला आहे त्यातून सुटका मिळेल अशीच वैज्ञानिकांची धारणा आहे. म्हणूनच धरतीवरच असा प्रतिसूर्य साकारायचे प्रयत्न गेल्या कित्येक दशकापासून सुरू आहेत. त्यातलं पहिलंवहिलं माफक शिखर गाठण्यात इंग्लंडमधील जेट लॅबोरेटरी यशस्वी झाली आहे. हायड्रोजनच्या दोन निरनिराळ्या रूपांना एकत्रित करून त्यासाठी वापरलेल्या ऊर्जेपेक्षा अधिक ऊर्जा मिळवणं त्यांनी शक्य करून दाखवलं आहे. या प्रयोगातून मिळालेली ऊर्जा तशी कमीच आहे. एकाच वेळी साठ किटल्यातलं पाणी तापवू शकेल एवढी. तरीही तिचा इतका बोलबाला आहे. कारण अणुमीलनाची प्रक्रिया यशस्वीपणे राबवणं शक्य असल्याचं तिनं दाखवून दिलं आहे. तसंच त्यासाठी कोणता रचनाबंध वापरायला हवा याचंही निर्देशन या प्रयोगानं केलं आहे. त्यामुळे फ्रान्समध्ये आंतरराष्ट्रीय वैज्ञानिक समुदायानं जो 'प्रतिसूर्य' बांधण्याचा प्रकल्प हाती घेतला आहे त्याला बळकटी तर मिळालीच आहे, पण कोणत्या दिशेनं पुढची वाटचाल करायला हवी याचंही आकलन झालं आहे.

हायड्रोजन तीन अवतारांमध्ये निसर्गात वावरतो. त्यांचे सर्व रासायनिक गुणधर्म सारखेच असतात. त्यांच्यामध्ये काहीच फरक नसतो. पण त्यांच्या अणुभारात मात्र फरक असतो. एका अवताराचा अणुभार १, दुसऱ्याचा २, त्याला 'ड्युटेरियम' असं नाव आहे. तीन अणुभाराच्या तिसऱ्या अवताराचं 'ट्रिटियम' असं बारसं केलं गेलं आहे. ड्युटेरियमचा एक अणू आणि ट्रिटियमचा एक यांना एकत्र करून त्यांना उष्णता दिली तर त्यांचं मीलन होतं. त्यातून हेलियम या मूलतत्त्वाचा जन्म होतो. एक न्यूट्रॉनही बाहेर फेकला जातो. पण मुख्य म्हणजे मोठ्या प्रमाणात ऊर्जा बाहेर पडते. त्या दोन अणूंचं मीलन होण्यासाठी उष्णतेच्या रूपात जेवढी ऊर्जा पुरवावी लागते तिच्या कितीतरी पट अधिक ऊर्जा या अणुमीलनातून साकार होते. तिचा वापर करून पाण्याची वाफ तयार होते. तिचा वापर मग टर्बाईन चालवण्यासाठी केला जातो व त्या प्रक्रियेतून वीज निर्मिती केली जाते. फ्रान्सच्या दक्षिण प्रांतामध्ये ज्या अणुभट्टीत ही प्रक्रिया साकार करण्यात यश मिळालं आहे ती एका आंतरराष्ट्रीय संघटनेनं चालवली आहे. जगातल्या सर्वच देशांचे वैज्ञानिक त्यासाठी राबत आहेत. त्यामुळेच अणुमीलनातून वीज निर्मिती शक्य आहे याचं दिग्दर्शन झाल्यामुळे आता मोठ्या प्रमाणावर अशी ऊर्जा या शतकाच्या उत्तर भागात प्रत्यक्षात राबवता येईल असा विश्वास वैज्ञानिकांना वाटत आहे. पृथ्वीवर

प्रतिसूर्याला जन्माला घालायचं असेल तर काय करायला हवं याचा आराखडा या प्रयोगातून मिळाला आहे.

सूर्याच्या अंतरंगात प्रचंड गुरुत्वाकर्षण आहे. त्याच्या प्रभावाखाली अणुमीलन घडवून आणणं शक्य होतं. तरीही त्यासाठी एक कोटी सेल्सिअस इतक्या अबब करायला लावणाऱ्या तापमानाचीही गरज असते. पृथ्वीवर तेवढं गुरुत्वाकर्षण नाही. त्यामुळे जर प्रतिसूर्य साकारायचा असेल तर एक कोटी सेल्सिअसहून अधिक तापमान तयार करावं लागेल. ते सहन करू शकेल असा पदार्थ धरतीवर नाही. मग त्या तिढ्यातून मार्ग कसा काढायचा, याचा विचार केला गेला आहे. त्यासाठी हायड्रोजन वायूच्या त्या दोन रूपांना मोठ्या प्रमाणात उष्णता देऊन त्यांचं प्लाझ्मा अवस्थेत रूपांतर करण्यात येतं. आणि तो बंदिस्त करण्यासाठी त्याच्याभवती मेदूवड्याच्या घाटाचं चुंबक बसवलं जातं. त्यातून उद्भवलेल्या स्थितीत अणुमीलन होणं शक्य आहे हेच या प्रयोगानं सिद्ध करून दाखवलं आहे. यासाठी वैज्ञानिक गेली चाळीस वर्षं अथक प्रयत्न करत होते. गेली दहा वर्षं तर त्या प्रयत्नांना अधिकच धार आली होती.

आपल्या देशातही अहमदाबाद येथील प्लास्मा रिसर्च लॅबोरेटरीमध्ये असंच महाशक्ती असलेलं चुंबक तयार करून त्यात प्लाझ्माला बंदिस्त करण्याचे प्रयोग गेली काही वर्षं होत आहेत. त्यांना 'आदित्य' हे समर्पक नावही दिलं गेलं आहे. इंग्लंडमध्ये झालेल्या या यशस्वी प्रयोगापायी आपल्या वैज्ञानिकांनाही हुरूप येऊन आदित्य नजीकच्या काळात साकार होण्याची आशा आपण बाळगू शकतो. तरीही यापुढंसुद्धा मोठ्या प्रमाणात मेहनत घ्यावी लागणार आहे. कोणताही शॉर्टकट घेता येणार नाही याची जाणीव वैज्ञानिकांना आहे. तसंच प्रयोगशाळेच्या स्तरावरच्या या प्रक्रियेचं रूपांतर वीजनिर्मिती कारखान्यात करणं हेही एक मोठं आव्हानच असणार आहे. त्यामुळे नेमका केव्हा हा प्रतिसूर्य अस्तित्त्वात येईल हे कोणीही सांगू शकत नाही.

विभाग : दुसरा

आरोग्य

गंधसंवेदना नाहीशी झाली तर...!

सध्या आंब्याचा मोसम असल्यामुळे एकजण आंबे घ्यायला जातो. एका विक्रेत्याकडचं केशरी फळ पाहून तो त्या आंब्याचा सुगंध जोखण्याचा प्रयत्न करतो. आंब्याचा परिचित सुगंध न आल्यामुळे तो विक्रेत्याला सांगतो, 'या आंब्याला तर काही वासच नाही.'

विक्रेता त्याला म्हणतो, 'तुला काहीच वास येत नाही? मग जा, आरटीपीसीआर टेस्ट करून घे.'

यातला विनोदाचा भाग सोडला तरी सध्या आपल्या गंधसंवेदनेबद्दल सगळेच चांगलेच सजग झाले आहेत, यात शंका नाही. तिचा लोप होणं हे कोरोनाची बाधा झाल्याचं लक्षण असू शकतं, हे समजल्यामुळे तर तशी शंका आली तरी कोणीही घायकुतीलाच येतं.

आपल्या परिसराविषयी आपल्याला माहिती देणाऱ्या पाच संवेदनांपैकी गंधसंवेदना बरीच प्रबळ आहे. इतर संवेदनांसाठी आपल्याला खास प्रयत्न करावे लागतात. चव चाखण्यासाठी त्या पदार्थाचा जिभेशी संपर्क आणावा लागतो. स्पर्शसंवेदनेची स्थितीही तशीच आहे. ध्वनीसंवेदना आणि दृश्यसंवेदना कान आणि डोळे उघडे असले तरच जाणवतात. ते अवयव बंद करून घेता येतात. पण नाक बंद करून आपण जगू शकत नाही. कारण श्वासोच्छ्वास करण्यासाठी तरी नाक उघडंच ठेवावं लागतं. ते चोंदलं तरी जीव मेटाकुटीला येतो. त्यामुळे गंधसंवेदना तशी अनैच्छिक आहे.

प्राण्यांची गंधसंवेदना माणसापेक्षाही अधिक तीव्र असते. स्वसंरक्षणासाठी तिचा प्राण्यांना फार मोठा उपयोग होतो. वाघ परिसरात कुठं तरी आल्याचा सुगावा त्याच्या वासावरून हरणांना लागतो आणि वेळीच तिथून पळ काढता येतो. कुत्र्यांच्या ठायी असलेल्या याच संवेदनाचा फायदा पोलिस दल गुन्हेगाराचा छडा लावण्यासाठी करताना तर आपण नेहमीच पाहतो.

काय गंमत आहे बघा. एक इवलासा रोगजंतू, पण त्याचा हल्ला झाल्यानंतरच

आपल्याला गंधसंवेदनेचं महत्त्व लक्षात यायला लागलं. ती नाहीशी झाली तर जगणं किती मुश्कील होतं याचा अनुभव आल्यानंतरच आपल्याला या संवेदनेची खरी ओळख पटायला लागली. एरवी आपण या संवेदनेची तशी उपेक्षाच करत आलो आहोत.

वरवर सामान्य वाटणारी ही गंधसंवेदना तशी जटिल आहे. ती कशी काम करते, याचा उलगडा अजूनही होतो आहे. पण त्या प्रक्रियेचं इंगित शोधून काढल्याबद्दल २००४ सालच्या नोबेल पुरस्काराचा मान रिचर्ड ऑक्सेल आणि लिन्डा बक यांना प्राप्त झाला. कोणत्याही पदार्थाचे रेणू त्याच्यापासून वेगळे होत आसमंतात पसरत असतात. या रेणूंची जेव्हा त्यांना दाद देणाऱ्या आपल्या नाकातल्या ग्राहक रेणूंशी गाठ पडते, तेव्हा ते एकमेकांना गळामिठीच घालतात. त्यापायी मग त्या ग्राहकांशी जोडलेले मज्जारज्जू चाळवले जातात, उत्तेजित होतात आणि त्यांच्यावरून एक विद्युतरासायनिक संदेश मेंदूकडे प्रवास करायला लागतो. गंधसंवेदनेशी निगडित मेंदूतल्या केंद्राकडे तो पोहोचला, की तिथं त्या संदेशाचं वाचन होतं, त्याचा अन्वयार्थ लावला जातो आणि तोच आपल्याला जाणवतो. त्या गंधाची ओळख करून देतो. तशा सोप्या वाटणाऱ्या या अभिक्रियेतूनच आपल्याला असंख्य गंधांची ओळख पटते. सुगंध कोणता आणि दुर्गंध कोणता हे तर अगदीच प्राथमिक स्वरूपाचं काम झालं. पण त्या दोन गटांपैकी प्रत्येक गंधाची वेगवेगळी ओळख करून देण्याचं कामही आपली ही संवेदना करत असते.

स्वयंपाकघरात शिजत असलेल्या पदार्थाचा सुगंध दरवळत आपल्या नाकपुड्यांना चाळवून गेला, की आपली भूकही उचल खाते. तोंडाला पाणी सुटतं. कारण अन्नग्रहणातही गंध संवेदना महत्त्वाची भूमिका बजावत असते. आपण कोणत्याही खाद्यपदार्थाचा स्वाद घेतो तो केवळ त्याच्या चवीतून नाही, तर त्याच्या गंधातूनही. आपली भूक प्रज्वलित करण्याचं काम गंध संवेदना करत असते. सर्दी झालेली असली की भूकही काही वेळा मरते त्याचं कारणही गंधसंवेदना मवाळ होण्यातच सापडतं. म्हणूनच गंधसंवेदनाच जर नाहीशी झाली तर आपली भूकही मंदावेल आणि साहजिकच मग आपलं पोषण व्यवस्थित होण्यात अडचण येईल.

देव्हाऱ्यात लावलेल्या अगरबत्तीचा सुगंध असो की रातराणी किंवा सोनटक्का यासारख्या फुलांचा सुगंध असो, मन प्रसन्न करून जातो. आपल्या चित्तवृत्ती उत्फुल्ल अवस्थेत ठेवण्याचं काम गंधसंवेदना करत असते. त्यामुळेच मग ऑरोमाथेरॅपी या नावानं ओळखल्या जाणाऱ्या उपचारपद्धतीचा विकास झाला आहे.

स्वसंरक्षणासाठी केवळ प्राण्यांनाच गंधसंवेदनेची मदत होते असं नाही. आपल्यालाही होते. गॅसचा स्टोव्ह चुकून उघडा राहिला किंवा सिलिंडरमधून मोकळा गॅस सुटला तर त्याचा गंध आपल्याला लगेच त्याची जाणीव करून देतो आणि मग

बचाव करायला उद्युक्त करतो. विजेच्या तारेवरचं रबराचं आवरण जळायला लागलं तर तोही गंध आपल्याला ओळखता येतो. नासलेल्या अन्नालाही वेगळा वास येतो आणि तो ओळखून आपण त्याची विल्हेवाट लावू शकतो.

उघड्या खिडकीतून आलेल्या एखाद्या सुगंधानं काही विशिष्ट प्रसंगाच्या आठवणीही फडा काढून उभ्या राहतात. तो प्रसंग मनःचक्षूंसमोर उभा करतात. डॉ. रॅचेल हर्झ यांनी प्रत्यक्ष प्रयोग करूनच ते सिद्ध केलं आहे. त्यासाठी त्यांनी काही महिलांना त्या प्रयोगात सहभागी करून घेतलं. त्यांना त्यांच्या पूर्वायुष्यातील एखाद्या प्रसंगाशी निगडित असलेला आणि त्यामुळे ओळखीचा असलेला सुगंध हुंगायला दिला. त्यापायी त्यांच्या मेंदूतील अनेक पेशी उत्तेजित झाल्याचं त्यांना दिसून आलं. उलट त्यांनी पूर्वी कधीही न अनुभवलेल्या सुगंधापोटी चेतापेशी स्वस्थच राहिल्याचं आढळलं. स्मरणरंजनात, नॉस्टॅल्जियामध्ये तर इतर कोणत्याही संवेदनापेक्षा गंधसंवेदना अधिक जोमदार कामगिरी करत असल्याचंही वैज्ञानिकांनी नोंदवलं आहे. याचं कारणही त्यांनी शोधून काढलं आहे. ओलफॅक्टरी बल्ब हा गंधसंवेदनेची धुरा सांभाळणारा अवयव आपल्या नाकाच्या शेंड्यापासून थेट मेंदूच्या मुळापर्यंत पसरलेला आहे. विशेषेकरून आपल्या भावविश्वाचं नियंत्रण करणाऱ्या अमिग्डालाशी त्याची जवळीक आहे. त्यामुळेच गंधसंवेदना आपल्या भावविश्वाला अतिशय जवळची आहे.

ज्यांची गंधसंवेदना तीक्ष्ण आहे अशांची सुगंध, मद्य, चहा, कॉफी वगैरेंच्या मूल्यमापनासाठी नेमणूक केली जाते. खास करून महागड्या आणि उच्च प्रतीच्या उत्पादनाचा दर्जा कायम राखण्यासाठी ते करणं आवश्यक असतं. जर त्यांची गंधसंवेदना नाहीशीच झाली तर ती कामगिरी ते कसे काय पार पाडू शकतील! आपल्यालाही उत्तम प्रतीचा चहा किंवा मद्य कसं काय मिळेल!

| ११ |

स्वप्नंच पडली नाहीत तर...!

तुम्ही एका घनदाट जंगलातून जात आहात. एकटेच. सोबत रातकिड्यांचा आवाज. मधूनच अंगावर काटा आणणारे इतरही काही आवाज. एकदम वाघाच्या डरकाळीचा आवाज येतो. तुम्ही वळून पाहता. आता वाघ तुम्हाला स्पष्ट दिसतोय. तुमच्याच दिशेनं येतोय. तुम्ही पळायचा प्रयत्न करता. पण तुमचे पाय थिजलेले आहेत. त्यांच्यात त्राण नाही. तुम्ही किंकाळी फोडता. पण घशातून आवाजच उमटत नाही. आता आपली काही खैर नाही या भावनेनं तुम्ही डोळे घट्ट मिटून घेता.... आणि....

आणि तुम्हाला जाग येते. दरदरून घाम फुटलेला असतो. आपल्याला एक भयावह स्वप्न पडलं याची तुम्हाला जाणीव होते. आता तुमची झोप उडाली आहे. तेच दुःस्वप्न परत पडण्याच्या तुम्ही झोपणंच नाकारता. मनात विचार येतो जर स्वप्नंच पडली नाहीत तर!

वास्तविक स्वप्न हा आपल्या झोपेचा अविभाज्य भाग आहे. शिवाय स्वप्नं केव्हाही पडत नाहीत. झोपेच्या विशिष्ट टप्प्यावरच ती पडतात. आपण झोपतो आणि झोपेतून उठतो, या दोन टोकांचीच आपल्याला जाणीव होते. त्या दोन टोकांमध्ये आपल्याला सलग गाढ झोप लागते असं जरी तुम्हाला वाटत असलं, तरी ते खरं नाही. या दोन टोकांमध्ये आपल्या झोपेत किती तरी बदल होत असतात. झोप निरनिराळ्या अवस्थांमधून जात असते. सुरुवातीला झोप अतिशय हलकी, सावध असते. त्यावेळी आसपास जराही खुट्ट झालं तरी आपण लगेच जागे होतो. या अवस्थेनंतर आपण गाढ झोपेत जातो. या काळात आपला मेंदू श्वासोच्छ्वास, रक्ताचं अंगभर खेळवणं यासारख्या अत्यावश्यक आणि अनैच्छिक कामांशिवाय दुसरी कोणतीही कामं करत नाही. आपले डोळे, कान, नाक, जीभ आणि त्वचा ही पंचेंद्रियं अवतीभवतीच्या जगाविषयीची माहिती हरघडी आपल्या मेंदूकडे पाठवत असतात. तिथं तिचं विश्लेषण होऊन त्याचं सार मेंदूत साठवलं जातं. पण झोपेत मेंदूला या कामापासून विश्रांती मिळते.

या गाढ झोपेतून आपण आणखी एका कालखंडात जातो. या काळात आपल्या मिटलेल्या पापण्यांच्या आड आपले डोळे म्हणजे बुब्बुळं इकडे तिकडे एकसारखी वेगानं फिरत राहतात. आपण अस्वस्थ झालो की कसे एकसारख्या पाठीपुढे येरझाऱ्या घालत राहतो तशीच. यालाच वैज्ञानिक भाषेत 'रॅपिड आय मुव्हमेन्ट' (आरईएम) म्हणतात आणि झोपेच्या या अवस्थेला 'आरईएम' झोप म्हणतात. सावध झोप,

गाढ झोप आणि आरईएम झोप असं झोपेचं एक आवर्तन पार पडतं. संपूर्ण झोपेत अशी चार पाच आवर्तनं पार पडत असतात. यापैकी फक्त आरईएम झोपेतच आपल्याला स्वप्नं पडतात. या कालखंडात मेंदू आपल्या सगळ्या स्नायूंना कुलूप लावतो. ते पॅरलाईज केले जातात. त्या भीतीदायक स्वप्नात वाघ आल्यावरही आपण पळू शकत नाही किंवा घशातून आवाज फुटत नाही, याचं हेच कारण आहे.

झोप एकसंध नसते, तिच्या अशा निरनिराळ्या अवस्था असतात हे जरी आता समजलं असलं तरी झोपेबद्दलची आपली वैज्ञानिक माहिती खूपच अपुरी आहे. या संबंधी अनेक संस्थांमध्ये जोमानं संशोधन सुरू आहे. त्यातूनच स्वप्नांचं नेमकं काय प्रयोजन आहे या विषयी काही सिद्धांत सादर केले गेले आहेत.

ख्यातनाम स्टॅनफोर्ड विद्यापीठातील प्रा. राफेल पेलायसो यांच्या मते स्वप्नांचं एकच एक प्रयोजन नाही. गुरं जशी समोरचं खाद्य अधाश्यासारखीसारखी खात राहतात, साठवून ठेवतात आणि मग सावकाशीनं रवंथ करत त्याचं पचन करतात; साधारण त्याच प्रकारे मेंदू जागेपणी त्याच्याकडे येत असलेल्या माहितीच्या ढिगासंबंधीचं धोरण आखतो. जागेपणी ज्ञानेंद्रियांकडून त्याच्यावर माहितीचा इतक्या वेगानं मारा होत असतो, की त्याच क्षणी त्या माहितीची वर्गवारी करायला वेळ नसतो. त्यामुळे त्यावेळी ती सर्व तो साठवून ठेवतो. तिचं विश्लेषण करायला झोपेत त्याला वेळ मिळतो. त्यातून मग तो प्रथम कोणती माहिती उपयोगी आहे, साठवून ठेवायला हवी आणि कोणती टाकाऊ आहे, ताबडतोब तिची विल्हेवाट लावायला हवी या विषयी निर्णय घेतो. जी साठवायला हवी तिचीही परत वर्गवारी करणं आवश्यक असतं. काही

 'जर तर'च्या गोष्टी
भाग-१

माहिती आयुष्यभर उपकारक ठरणारी असते. तिचं दीर्घकालीन स्मृतीत रूपांतर करणं गरजेचं असतं. काही मर्यादित काळासाठीच उपयोगी असते. तिचं अल्पकालीन स्मृतीत रूपांतर करून भागतं. म्हणून मग स्वप्नात जागेपणीच्या अनुभवांना परत जागृत केलं जातं. जी घटना घडलेली असते ती तशीच्या तशी साठवलेली नसते. त्या घटनेचं जे काही आकलन झालेलं असतं त्यानुसार ती साठवलेली असते. त्यामुळे जागेपणीच्या अनुभवाची तंतोतंत पुनरावृत्ती स्वप्नात होत नाही. पण तिचं सार मात्र व्यवस्थित दिसतं. ते उपयोगी आहे की नाही यानुसार मग पुढची कारवाई केली जाते. जर स्वप्न पडणं बंदच झालं तर ही महत्त्वाची कामगिरी मेंदू कशी पार पाडू शकेल? आणि ती तशी पार पाडली गेली नाही तर मेंदूत अनेक जळमटं साठून राहतील, अनावश्यक माहितीचा ढिगारा साचून राहील, मेंदूवर अतिरिक्त ताण पडेल. ते टाळण्यासाठी स्वप्नांची गरज असते.

कॅलिफोर्निया विद्यापीठातील प्रा. मॅथ्यू वॉकर म्हणतात, की आपला भावनिक उद्रेक काबूत ठेवण्यासाठी स्वप्नांची मदत होते. जर मिळालेल्या माहितीचा भारवेत्ता होण्याऐवजी सारवेत्ता व्हायचं असेल, त्या माहितीची ज्ञानात रूपांतर करायचं असेल, तर मग तो पसारा आवरून नीटनेटकेपणानं साठवायला हवा. तेच काम स्वप्नं करतात.

म्हणूनच स्वप्नं न पडणं हे झोप निरोगी नसल्याचं लक्षण आहे, असाही निष्कर्ष काढला गेला आहे. आणि सुयोग्य झोप न मिळणं ही कोणती तरी शारीरिक किंवा मानसिक समस्या छळत असल्याचं निर्देशक आहे.

स्वप्नंही दोन प्रकारची असतात. एक झोपेत पडणारं स्वप्न. त्यांचाच विचार आतापर्यंत आपण करत आहोत. पण दुसरं स्वप्न जागेपणी पाहिलं जातं. आणि ही दुसऱ्या या प्रकारची स्वप्नं आपल्या जगण्याला काही अर्थ देतातस असं माजी राष्ट्रपती ए.पी. जे. अब्दुल कलाम यांनी सांगून ठेवलेलं आहे. अशी स्वप्नं पाहणं म्हणजेच आयुष्यात काही तरी भरीव कामगिरी करण्याची प्रेरणा मिळणं आहे. ती स्वप्नं पाहिलीच नाहीत, तर अंगी गुणवत्ता असूनही तिचा पर्याप्त वापर केला जाणार नाही. ना स्वतःसाठी, ना समाजासाठी. डॉ. कलाम यांनी देशाचं नाव अंतराळसंशोधनाच्या जागतिक नामावलीत प्रस्थापन करण्याचं स्वप्न पाहिलं आणि ते साकारही करून दाखवलं. म्हणूनच आपण मंगळापर्यंत मजल मारली आहे. अंतराळसंशोधन करणाऱ्या आघाडीच्या देशांमध्ये आपणही मानाचं स्थान पटकावलं आहे. अशी स्वप्नंच पडलीच नाहीत तर मग संस्कृत सुभाषितकार म्हणतात तसे आपण 'साक्षात पशूः पुच्छविषाणहीनः' होऊन जाऊ.

| २० |

बस लागली तर..!

आधीच कोकणचा प्रवास तसा घायकुतीचाच. त्यात जर बस लागली तर बघायलाच नको. कोकण रेल्वे आल्यापासून ती पीडा टळली असली, तरी अनेकांना अजूनही बस लागते. रस्ता वळणावळणाचा नसला तरी. पोटातली मळमळ ओकून टाकता टाकता मनात तळमळ सुरू होते. बस अशी लागतेच का?

तसं पाहिलं तर बसच लागते असं नाही. बोटही लागते. काही जणांना विमानही लागतं. एवढंच काय पण मोटारगाडीही लागते. जत्रेमध्ये जे आकाशपाळणे असतात किंवा आजकाल सर्वत्र पसरलेल्या ऑम्युझमेन्ट पार्कमध्ये जे वेडीवाकडी वळणं वेगानं घेत अक्षरशः पिळवटल्याप्रमाणे फिरवून आणणारे रोलर कोस्टर असतात, तेही लागतात. कोणत्याही गतिमान प्रवासात जे भोवंडल्यासारखं होऊन उलटी होते तिला म्हणूनच इंग्रजीत 'मोशन सिकनेस' म्हणतात. सागरी प्रवासात सी सिकनेस आणि हवाई प्रवासात एअर सिकनेस.

आपण नेहमीच काही स्थिर नसतो. चालणं, पळणं, उड्या मारणं वगैरे शरीराची हालचाल स्वाभाविकपणे करतोच. म्हणजे गतिशील असण्याचा अनुभव नसतो असं नाही. तरीही त्या गतिमानतेचा वेग वाढल्यावरच शरीर असं अस्वस्थ का व्हावं? पोटात असं ढवळून का यावं?

याचं कारण वैज्ञानिकांनी शोधून काढलं आहे. आपल्या शरीराची स्थिती काय आहे, याची खबर आपल्या काही अवयवांकडून मेंदूला सतत मिळत असते. आपल्या डोळ्यांना आपण स्थिर आहोत की गतिशील आहोत हे दिसतं. ती माहिती ते मेंदूला पुरवतात. आपल्या कानातल्या आतल्या भागात असलेल्या नलिकांमध्ये एक द्रवपदार्थ असतो. आपण जेव्हा हालचाल करतो तेव्हा तो द्रवही हलतो आणि ती माहितीही मेंदूला पुरवली जाते. हा द्रवपदार्थच आपला तोल सांभाळण्याचं काम बजावतो. त्या द्रवात खळबळ उडाली की मग त्याला आपलं काम नीटपणे करता येत नाही. आपल्या विविध

स्नायूंनाही आपली गतिशीलता जाणवते. तेही त्यांची वार्तापत्रं मेंदूला पाठवतात.

कोणत्याही क्षणी या विविध संवेदकांकडून मिळालेल्या माहितीचं एकत्रित विश्लेषण मेंदू करतो. जोवर ही निरनिराळ्या अवयवांकडून मिळालेली माहिती एकमेकींशी सुसंगत असते, तोवर तिचा अर्थ लावण्यात मेंदूला काहीच अडचण येत नाही. पण जेव्हा या अवयवांकडून मिळणारे संदेश एकमेकांशी ताळमेळ राखणारे नसतात, परस्पर विसंगत असतात, तेव्हा मेंदूचा गोंधळ उडतो. तुम्ही जेव्हा बसमधून प्रवास करता तेव्हा खिडकीतून बाहेर पाहताना बाहेरची सृष्टी वेगानं पाठीपाठी जात असलेली तुम्हाला दिसते. तुमची नजर कोणत्याही एका जागेवर ठरत नाही. पण तुमचे स्नायू आणि आतला कान मात्र तुम्ही एकाच जागी बसलेले आहात, असंच मेंदूला सांगत असतात. यातलं कोणतं खरं हे मेंदूला ठरवता येत नाही. त्याची जी तारांबळ त्यामुळे उडते, ती तुम्हाला बस लागण्यात रूपांतरित होते.

बोटीतून प्रवास करतानाही तुमच्या शरीराला समुद्राच्या लाटांचा प्रभाव जाणवतो. बोट सतत वरखाली किंवा एका बाजूकडून दुसऱ्या बाजूला हलत असते. ती कानातल्या द्रवाला जाणवते. पण तुमच्या डोळ्यांना मात्र समुद्र शांत असल्याचंच दिसतं. या दोन संदेशांमधला अंतर्विरोध मेंदूला संभ्रमात पाडतो. जेव्हा समुद्र खवळलेला असतो, तेव्हा तर तोल सांभाळण्याची कामगिरी पार पाडणं कानातल्या द्रवालाच काय पण स्नायूंनाही जड जातं. तोल असा सतत ढळत असल्यामुळे मग पोटातला ऐवजही तसाच ढवळून निघतो. क्रूझवर जाणाऱ्या महाकाय बोटी तशा समुद्रातल्या खळबळीला फारशी दाद देत नाहीत. पण लहान बोटींना मात्र स्वतःला सावरणं जड जातं. अशी बोट लागतेच.

काही वीर असे असतात की त्यांना मोटारगाडी लागते. पण फक्त ते प्रवासी असतानाच. पण एकदा का त्या गाडीचं सुकाणू हातात घेत ते चक्रधर झाले, की त्यांना तीच गाडी लागत नाही. निरनिराळ्या संवेदकांकडून मेंदूला मिळणारे विरोधी संदेश मोशन सिकनेसला कारणीभूत असतात या निष्कर्षाची पुष्टी करणारा पुरावाच ही मंडळी देतात. कारण जेव्हा ते नुसतेच प्रवासी असतात, तेव्हा त्यांची नजर त्यांना ते वेगानं जात असल्याचं सांगते. पण आतला कान मात्र ते एकाजागी स्थिर असल्याचीच बातमी मेंदूला देतो. उलट जेव्हा ते स्वतःच गाडी चालवत असतात तेव्हा त्यांची नजर समोरच्या रस्त्यावर केंद्रित झालेली असते. त्यामुळे आजूबाजूची सृष्टी वेगानं आपल्या विरुद्ध दिशेनं पळतेय याकडे त्यांचं लक्षच जात नाही. ते त्यांना 'दिसतच' नाही. साहजिकच मेंदूला एकमेकांच्या विरोधात असलेले संदेश जात नाहीत. त्यांचा गोंधळ उडत नाही. गाडी लागत नाही.

याचा अर्थ जोवर असा वेगवान प्रवास होत नव्हता तोवर मोशन सिकनेस नावाची व्याधी छळतच नव्हती असं नाही. कारण ग्रीक आणि रोमन दस्तावेजांमध्ये मोशन

सिकनेसचे स्पष्ट उल्लेख आढळतात. अमेरिकन अंतराळ संशोधन संस्था नासानंही याची दखल घेतलेली आहे. कारण अंतराळवीरांनाही याचा त्रास होण्याची शक्यता असते.

लहान मुलांना या मोशन सिकनेसचा जास्त त्रास होतो असं दिसून आलं आहे. पण साधारण वयाची बारा वर्षं उलटली की त्यावर मात केली जाते. वाढत्या वयात मोशन सिकनेसचा त्रास होण्याचं प्रमाण लक्षणीयरित्या कमी होत जातं.

यावर काही साधे उपाय डॉक्टरांनी सांगितले आहेत. निरनिराळ्या संवेदकांकडून एकमेकांच्या विरोधातले संदेश पाठवले जाणार नाहीत अशी दक्षता घेतली, तर मोशन सिकनेसपासून बचाव होऊ शकतो. त्यासाठी डोळे मिटून स्वस्थ पडून राहणे योग्य. किंवा मोटारीत पुढच्या सीटवर बसणं. किंवा नजर दूरवर क्षितिजावर केंद्रित करणं. ते स्थिर असल्याचंच वाटतं. तसं केल्यानं तुमचे डोळे आणि कान एकमेकांविरुद्ध संदेश पाठवत नाहीत. क्रूझ बोटीवर प्रवास करताना शक्यतो बोटीच्या मध्यभागातली जागा पटकावलीत तर मोशन सिकनेस टाळता येतो. कारण तो भाग सर्वांत कमी डुचमळतो.

मोशन सिकनेसची लक्षणं वेगवेगळी आहेत. नुसतीच चक्कर येणं, गरगरल्यासारखं होणं, तोंडाची चव जाऊन भूक मंदावणं, अतिरिक्त लाळ सुटणं, पोट ढवळून येणं आणि वांती होणं. बस किंवा बोट अशी लागते तर प्रवासच करू नये, असं मात्र नाही. त्या व्याधीपासून मुक्त होऊन सुखाचा प्रवास करता यावा यासाठी प्रवासाला निघण्यापूर्वी डॉक्टरांच्या सल्ल्यानं काही औषधं घेता येतात. ती तुमची मोशन सिकनेसच्या तडाख्यातून सुटका करू शकतात. तेव्हा बोट लागली तर हवालदिल होण्याची गरज नाही. थोडी काळजी घ्या. *शुभास्ते पंथानः संतु.*

। २१ ।

वय होत आलं असेल तर..!

वयपरत्वे मेंदूची लवचिकता घटत जाते आणि त्यापायी मग उतार वयात माणूस काही नवीन शिकायला बघत नाही, नवा विचार आत्मसात करायला सहजासहजी तयार होत नाही, असं आजवर समजलं जात होतं. त्यातूनच मग त्या 'साठी बुद्धी नाठी' या समजाची रुजुवात झाली होती.

षष्ट्यब्दीपूर्तीं असं भलंमोठं नाव देत सोहळा साजरा केला जाई. पण त्याचबरोबर आता संन्यासाश्रमाची सुरुवात करावी असं सुचवलं जायचं. ती व्यक्तीही ते मान्य करत असे. निवृत्तीचं वयच मुळी पंचावन्न होतं. त्यानंतर कोणतंही काम करणं अशक्यच होतं. सर्जनशील कामगिरी तर दूरच राहिली.

त्याचं कारणही वैज्ञानिकांनी सांगितलं होतं. वयानुसार जशी सर्वच अवयवांची झीज होते तशीच मेंदूचीही होते. त्यात मेंदूमध्ये नव्या पेशी निर्माण होत नसल्यामुळे झीज भरून येण्याची शक्यताच मावळते. साहजिकच मग रक्ताभिसरण, श्वासोच्छ्वास, अन्नपचन वगैरे मेंदूच्या अनैच्छिक क्रियाही अडखळतच पार पडत. सर्जनशील कार्यासाठी कराव्या लागणाऱ्या ऐच्छिक क्रिया तर जवळजवळ बादच होत. स्मरणशक्तीही दगा द्यायला लागे.

आज परिस्थिती बदलली आहे. सरासरी आयुर्मान दुप्पटीनं वाढलं आहे. साठीच्याच काय पण सत्तरीच्या आणि ऐंशीच्या घरात शिरणाऱ्या व्यक्तींची संख्याही लक्षणीय झाली आहे. निवृत्तीनंतरच्या काळात उपयोगी काम करण्याच्या संधीही सहजपणे मिळतात. त्यातच आता अमेरिकेतल्या काही संशोधकांनी साठीनंतर मेंदूचा लवचिकपणा कमी होत असल्याचा समज खोडून काढला आहे.

आपल्या मेंदूची ही खासियत आहे. त्याच्या चेतापेशी निरनिराळ्या कामांसाठी निरनिराळ्या जोडण्या करून जाळी तयार करतात. एखादं कौशल्य हस्तगत केलं, नवीन ज्ञान मिळवलं की त्याची स्मृती दीर्घ काळ टिकवण्यासाठी स्वतंत्र जाळं तयार करतात.

पण त्याच वेळी जरूर भासली तर ते जाळं तोडून नव्यानं जाळं बांधण्याचीही मेंदूची तयारी असते. वैज्ञानिक यालाच 'मेंदूची प्लास्टिसिटी किंवा लवचिकता' म्हणतात. चिकणमातीचा गोळा कसा त्याला देऊ तसा आकार धारण करतो. म्हणूनच तो प्लास्टिक आहे, लवचिक आहे, असं म्हटलं जातं. तसाच आपला मेंदूही प्लास्टिक आहे. पण वयपरत्वे मेंदूची लवचिकता घटत जाते आणि त्यापायी मग उतार वयात माणूस काही नवीन शिकायला बघत नाही, नवा विचार आत्मसात करायला सहजासहजी तयार होत नाही, असं आजवर समजलं जात होतं. त्यातूनच मग त्या 'साठी बुद्धी नाठी' या समजाची रुजुवात झाली होती.

पण अमेरिकेतील जॉर्ज वॉशिंग्टन विद्यापीठातील वैज्ञानिकांच्या संशोधनातून असं दिसून आलं आहे, की साठीपलीकडील व्यक्तीच्या डाव्या आणि उजव्या मेंदूमधील सहकार्य अधिक जोमदार असतं. मेंदूच्या या दोन भागांमध्ये कामांची विभागणी करण्यात आली आहे. उजवा मेंदू हा कलाविष्कारांचं, भावविश्वाचं नियंत्रण करतो तर डावा मेंदू गणित, तर्कसंगती, चिकित्सक विचार यात माहीर असतो. पण उतारवयात हे एकमेकांच्या हातात हात मिसळून अधिकाधिक कामं पार पाडत असल्यामुळे त्या व्यक्तीच्या सर्जनशीलतेला नवनवीन धुमारे फुटतात. आता तरुणांच्या मेंदूच्या कामाचा झपाटा जास्त असतो. 'तुझी चाल तुरुतुरू' याला साजेसा असतो. त्या मानानं उतारवयातला मेंदू 'संथ वाहते कृष्णामाई' हे ब्रीद धरून चालतो. सहसा हे दोन भाग स्वतंत्रपणे काम करतात. एका वेळी कोणता तरी एकच लगबग करतो. परंतु उतारवयात मात्र डावा आणि उजवा सवता सुभा सोडतात. एकमेकांपासून अलग न राहता सहकार्यानं ते काम करत असल्यामुळे मेंदूची लवचिकता कायमच राहते असं नाही, तर उलट वाढते. त्याच्या क्षमतेची क्षितिजं विस्तारतात. त्यापायीच मग योग्य निर्णय घेणं अधिक सुलभ होतं. नकारात्मक विचारांना किंवा भावनांना थारा मिळत नाही. म्हणूनच या वैज्ञानिकांचा असा दावा आहे की मानवी मेंदू वयाच्या सत्तरीत आपल्या पूर्ण क्षमतेनुसार काम करतो.

याचं कारणही त्यांनी सांगितलं आहे. मज्जारज्जूंवर मायेलिन या रसायनाचं संरक्षक कवच असतं. त्याचा उपयोग चेतापेशींमधील दळणवळणाला उपकारक ठरतो. त्याची वाढ झाल्यामुळे चेतापेशींमधील संदेशांची देवाणघेवाण अधिक वेगानं होते. एकंदरीत बौद्धिक क्षमतेत तब्बल ३०० टक्के वाढ होते, असंही या वैज्ञानिकांचं म्हणणं आहे.

मॉन्ट्रियल विद्यापीठातील प्राध्यापक मोन्ची उरी यांनी एक कल्पक प्रयोगच केला. निरनिराळ्या वयोगटातील व्यक्तींना त्यांनी या प्रयोगामध्ये सामील करून घेतलं. त्यांना मेंदूचा वापर करावा लागेल अशी निरनिराळी कामं करायला दिली. काही तुलनेनं सोपी होती. काही जटिल, गुंतागुंतीच्या समस्यांचं समाधान करायला लावणारी

होती. त्या प्रयोगातील निरीक्षणांच्या आधारे त्यांनी असा निष्कर्ष काढला आहे, की साठीच्या पुढील ज्येष्ठ ऊर्जाबचत करणाऱ्या, ऊर्जेचा पर्याप्त वापर करणाऱ्या मार्गांची निवड बौद्धिक कामासाठी करतात. त्यामुळे मेंदूला अनावश्यक काम करण्यापासून रोखलं जातं. गुंतागुंतीच्या समस्यांवरचा उपाय शोधण्यासाठी किमान ऊर्जा खर्च करावी लागते. मेंदूची कार्यक्षमता त्यापायीच कमाल पातळीच्या जवळपास पोचते. चेतापेशींची कधीही भरून न येणारी झीज होते, हा समजही त्यांनी खोडून काढला आहे. परंतु उतारवयात त्यांच्यामधले बंध तुटतात. ते परत जोडले जात नाहीत. त्यापायी मग मेंदूमध्ये अनावश्यक माहितीची साठवण केली जाते. ज्यावेळी माहितीचा मारा मेंदूवर होत राहतो, त्यावेळी त्यातली कुठली टाकाऊ आहे आणि कुठली उपयोगी आहे याची निवड करून मेंदू टाकाऊ माहितीचा निचरा करत राहतो. पण हे काम उतारवयात तितक्या कार्यक्षमतेनं केलं जात नाही. त्यामुळेच मग विस्मरण होऊ लागतं. चेतापेशींची झीज झाल्यामुळे नाही. शरीराला जशी तंदुरुस्तीसाठी नियमित व्यायामाची आवश्यकता असते तशीच मेंदूलाही भासते. त्यामुळे मेंदू सतत काम करत राहील याकडे ध्यान द्यायला हवे. माहितीचा फाफटपसारा टाळायला हवा. ब्रिजसारखा पत्त्यांचा खेळ, बुद्धिबळ किंवा शब्दकोडी सोडवणं यासारख्या कार्यक्रमांमध्ये स्वतःला गुंतवून घेण्यानं मेंदूला ताजंतवानं राहायला मदत होते. तो शिथिल होण्याचा धोका टळतो. रिकामटेकड्या मनात नको नको ते विचार येतात असं म्हणतात, याचं कारण मेंदूला जर त्याची कसोटी पाहणारं काम मिळालं नाही तर तो गंजून गेल्यासारखा होतो.

तेव्हा वय होत आलं म्हणून आता सारं संपलं असं मानण्याचं मुळीच कारण नाही. व्यावहारिक नीतिनियमांनुसार निवृत्त व्हावं लागलं तरी आता भरपूर मोकळा वेळ असल्यानं स्वतःच्या अंगभूत प्रतिभेला बंधनमुक्त करून तिला फुलवण्याच्या प्रयत्नांना प्राधान्य द्या, 'साठी बुद्धी नाठी'चा विचारही करू नका, असंच वैज्ञानिक सांगताहेत.

लस घेतली असेल तर...!

शरीराचं सैन्यदल लिम्फपेशींचं बनलेलं असतं. ते आप-पर भाव या तत्त्वावर काम करतं. आपला कोण आणि परका कोण, याची ओळख पटवण्याचं शिक्षण त्यांना मिळालेलं असतं. बाहेरून शरीरात प्रवेश करणाऱ्या प्रत्येक पदार्थाचं 'आधारकार्ड' ते तपासून पाहतं. पदार्थाच्या, मग तो सजीव असो की निर्जीव, आवरणावर काही विशिष्ट प्रथिनं असतात. तेच त्यांची निर्विवाद ओळख पटवणारं आधारकार्ड. त्यांचं वाचन करून येणारा आगंतुक मित्र आहे की शत्रू याची छाननी शरीराचे सैनिक करतात.

या चिंतूचं काय करावं हे समजेनासं झालं आहे. जरा कुठं खुट्ट झालं, की स्वतः तर घाबरतोच पण इतरांनाही घाबरवून सोडतो. आताच पाहा ना! त्याच्या दोन मित्रांना कोरोनाची बाधा झाली. त्यांच्या आरटी-पीसीआर चाचणीचे अहवाल पॉझिटिव्ह आले. त्यांनी लगेच डॉक्टरांचा सल्लाही घेतला. डॉक्टरांनी दोघांनाही घरातच अलगीकरणात राहायला सांगितलं. काही औषधं दिली. त्यांची तशी काही तक्रार नसावी. पण चिंतू मात्र हडबडून गेला.

'असा कसा काय कोरोना होऊ शकतो त्यांना?'

'का नाही होऊ शकत?'

'अरे पण त्यांनी लशीचे दोन डोस घेतले होते. त्यांचं लसीकरण पूर्ण झालं होतं. तसं सर्टिफिकेटही आहे त्यांच्याकडे.'

'तरीही त्यांनी जर नियम पाळले नसतील, मास्क वापरला नसेल, गर्दीत मिसळले

असतील, तर त्यांना बाधा होऊ शकते.'

'लस घेतली असेल तरी?'

'हो, लस घेतली असेल तरी. लस घेतली म्हणजे बेफिकीर वागण्याचा परवाना मिळाला असं नसतं. लस घेतल्यामुळे संसर्ग टाळता येतो असं नाही. पण रोगाची तीव्रता कमी करता येते. रोगाशी झगडण्याची शरीराची क्षमता वाढवता येते. त्यामुळे ऑक्सिजनची गरज भासणं, किंवा आयसीयूमध्ये राहावं लागणं टाळता येतं. घरच्या घरी विलगीकरणाचे नियम कठोरपणे पाळले की काम होऊ शकतं.'

'असं कसं? उपयोग काय मग लशीचा?'

'हे बघ, आपल्या देशावर हल्ला करू शकणाऱ्या शत्रूला प्रतिबंध करण्यासाठी आपण सैन्यदल ठेवतो. सध्या कुठं लढाई होत नसली तरी त्यांना सतर्क ठेवतो. त्यांना सतत प्रशिक्षण देतो. लुटुपुटीच्या लढायाही करायला लावतो. 'वॉर गेम्स' म्हणतात त्याला. आपल्याच सैन्याच्या एका तुकडीला शत्रूची भूमिका पार पाडायला लावून त्याचा मुकाबला करायला दुसऱ्या तुकडीला सांगतो. त्यामुळे शत्रूची रणनीती काय असेल याचा अंदाज घेऊन आपली रणनीती आखण्याचं शिक्षण आपल्या सैनिकांना आपण देतो. ते सतत सज्ज राहतील याची तजवीज करतो. पण अशा तऱ्हेनं सैन्यदल डोळ्यात तेल घालून पाहारा करत राहिलं म्हणून शत्रू गप्प बसेल, हल्ला करण्याचा प्रयत्नच करणार नाही असं थोडंच होतं! किंवा दहशतवाद्यांचंही बघ ना. त्यांचं उच्चाटन करण्यासाठी आपण विशेष दलांची स्थापना करतो. ती दलं सतत या दहशतवाद्यांची ठिकाणं शोधून काढून त्यांचा बंदोबस्त करण्याचे प्रयत्न सुरूच ठेवतात. पण दहशतवादी परत परत नव्या मार्गानं हल्ले करत राहतात. मात्र जर आपण सैन्यदल म्हणा किंवा दहशतवादविरोधी पथकं म्हणा सुसज्ज ठेवली नाहीत तर काय होईल!

'शत्रू जोरदार हल्ला चढवून आपल्याला नामोहरम करून टाकेल.'

'एक्झॅक्टली! लस म्हणजे रोगजंतूविरोधी लुटुपुटीची लढाईच असते. त्याच्याविरुद्ध शरीराला वॉर गेम खेळायला लावण्यासारखं असतं. तो एक लुटुपुटीचा जंतूसंसर्ग असतो. मात्र त्यासाठी वापरला जाणारा रोगजंतू शरीराच्या सैन्यदलाला त्या रोगजंतूची ओळख पटवून देईल पण रोग बाधा आणणार नाही अशा प्रकारचा असतो.

शरीराचं सैन्यदल लिम्फपेशींचं बनलेलं असतं. ते आप-पर भाव या तत्त्वावर काम करतं. आपला कोण आणि परका कोण, याची ओळख पटवण्याचं शिक्षण त्यांना मिळालेलं असतं. बाहेरून शरीरात प्रवेश करणाऱ्या प्रत्येक पदार्थाचं 'आधारकार्ड' ते तपासून पाहतं. पदार्थांच्या, मग तो सजीव असो की निर्जीव, आवरणावर काही विशिष्ट प्रथिनं असतात. तेच त्यांची निर्विवाद ओळख पटवणारं आधारकार्ड. त्यांचं वाचन करून येणारा आगंतुक मित्र आहे की शत्रू याची छाननी शरीराचे सैनिक करतात.

तो शत्रू आहे याची खात्री पटली की आपल्याच इतर सहकाऱ्यांना त्याची खबरबात

देत त्यांना त्या शत्रूला नामोहरम करणाऱ्या अँटिबॉडी नावाच्या शस्त्रांचं उत्पादन करायला प्रवृत्त करतात. लशीचा पहिला डोस घेतो तेव्हा रोगबाधा न आणता या शस्त्रांची निर्मिती केली जाते. पण ती मंदगतीनं होते आणि एकूण उत्पादनही जास्त होत नाही. पण दुसरा डोस घेतल्यानंतर निर्मितीला वेगही येतो आणि झपाट्यानं उत्पादन उच्च पातळी गाठतं. आता प्रत्यक्ष शत्रूचा हमला झाला तरी त्याच्याशी मुकाबला करायला शरीराचं सैन्यदल जय्यत तयारीत असतं. ते त्याला नेस्तनाबूत करायला पर्याप्त असतं. अर्थात काळ उलटला की अँटिबॉडीची संख्या घटते. ती पूर्वपदावर आणण्यासाठी वर्धक मात्रा म्हणजे बूस्टर डोस घ्यावा लागतो.

शत्रू म्हणजेच हे रोगजंतूही बिलंदर असतात. त्यांचा नायनाट करताना त्यांची मोठ्या प्रमाणावर हानी झालेली असली तरी जे बचावतात ते परत आपली नव्यानं जुळवाजुळव करतात. त्यात ते आपलं आधारकार्ड बदलण्याची योजना आखतात. देशाच्या शत्रूंच्या बाबतीतही अशीच परिस्थिती असल्याचं आपण पाहतोच. आधारकार्ड बदलल्यामुळे आता पूर्वीची अँटिबॉडी तितक्या कार्यक्षमतेनं आपलं काम करू शकत नाही. रोगजंतूचा संसर्ग आणि प्रसार झपाट्यानं वाढण्याची शक्यता उद्भवते. कोरोनाच्या बाबतीतही आपण पाहत आलोय की अल्फा, बीटा, डेल्टा आणि आता ओमायक्रॉन हे त्याचे निरनिराळे अवतार प्रकट झाले आहेत. प्रत्येकाच्या आधारकार्डात काही लक्षणीय बदल झालेले आहेत.

तरीही या विषाणूंचं एक वैशिष्ट्यच आपलं संरक्षण करतं. विषाणू हे बांडगुळासारखे असतात. ते आपली वाढ स्वतंत्रपणे करू शकत नाहीत. त्यासाठी त्यांना नेहमीच कोणत्या तरी यजमानाची आवश्यकता भासते. त्याच्या पोटात शिरून तो अरबाच्या तंबूत शिरलेल्या उंटासारखी त्या यजमानाची सर्व यंत्रणा आपल्या ताब्यात घेतो. तिचाच वापर करून तो आपली वाढ करतो. आपल्या असंख्य पिलावळीला जन्म देतो आणि त्या यजमानाला मारून इतरांवर हल्ला करायला सज्ज होतो. तरीही सर्वच यजमानांना मारून टाकलं तर आपलीही वाढ खुंटेल, गच्छंती होईल, याची जाणीव असल्यामुळे तो आपला प्रसार तर होईल पण यजमानही शिल्लक राहतील असं धोरण अवलंबतो. त्यामुळे मग त्याची संसर्गजन्यता वाढते पण संहारकशक्ती क्षीण होते. कोरोनाच्या बाबतीतही आपण याचाच अनुभव घेत आहोत.

याचा अर्थ असा नाही की, आता लस घेतली असेल तर सगळी सावधगिरी धुडकावून लावून मनमानी करता येईल. लस घेतली असली तरी संसर्ग टाळता येत नाही. तो टाळण्यासाठीच मग निर्बंधांचं, नियमांचं काटेकोर पालन करणं जरुरीचं आहे. मास्क घाला, गर्दीत जाणं टाळा, सॅनिटायझर वापरा, हात धुवा. आणि मुख्य म्हणजे लसीचे सर्व डोस कुचराई न करता घ्या. मग कोरोनाचा आणखी एखादा नवीन अवतार आला म्हणून घाबरायचं कारण उरणार नाही.

। २३ ।

डोळं नाही थाऱ्याला...

'याची अर्धी हाडं गेली मसणात. तरी मेल्याला ही थेरं सुचताहेत.'

इतका वेळ माझ्याशी छान गप्पा मारणाऱ्या सुनीताला एकदम काय झालं मला कळेना. एवढी का खवळलीय ही!

'अगं पण एकदम झालं काय तुला असं तणतणायला?'

' तो... तो, थेरडा, पलीकडून चाललाय तो काठी घेऊन...'

मी वळून पाहिलं. काठी घेऊन गणपुले चालले होते. नेहमीसारखे धीमे धीमे. 'अगं ते तर गणपुले काका.'

'काका कसला! बोका आहे मेला.'

'अगं, पण केलं काय त्यांनी?'

'काय केलं! डोळा मारतो मेला मला. धड चालता येत नाही, काठी घ्यावी लागते. पण चाल पाहा म्हाताऱ्याची!'

'त्यांनी तुला डोळा मारला?' माझा विश्वासच बसेना. 'काहीतरी चूक होत असेल तुझी.'

'मुळीच नाही. पहिल्यांदा मलाही तसंच वाटलं. वाटलं काही तरी गेलं असेल डोळ्यात. पण परत तेच. दोनदा माझ्याकडे पाहूनच डोळा मारला त्यांनी.'

ती एवढं ठामपणे सांगत असलेलं पाहून मलाही जरा शंका आली. वाटलं पिकल्या पानाचा देठ अजून राहिला असेल हिरवा. नाहीतरी आपण कोणालाही पूर्णपणे कुठं ओळखतो!

सुनीताला शांत करत मी तिला कशीबशी घरी सोडली आणि गणपुल्यांना गाठायला धाव घेतली. तोवर ते घरी पोचले होते. काठी कोपऱ्यात ठेवून आरामखुर्चीत निवांत बसू पाहत होते. डोळे मिटले होते. माझी चाहूल लागताच त्यांनी ते उघडले.

आणि मी पाहतच राहिलो. आता त्यांनी मला डोळा मारला. सुनीता म्हणत होती

ते खरंच होतं. तरीही गणपुल्यांसारखा सरळमार्गी सज्जन गृहस्थ असं का करतो आहे, हे एक कोडंच होतं. पण माझं काम एका अर्थी गणपुल्यांनी सोपं केलं होतं. नमनाला घडाभर तेल वाया न घालवता मला थेट विषयाला भिडणं सोपं झालं होतं.

'गणपुले हे काय चाललंय? ही कसली सवय लावून घेतलीय तुम्ही? उठसूट सगळ्यांना डोळे काय मारत सुटला आहात?'

'अरे काय सांगू, माझी स्थिती अतिशय अवघडलेली झाली आहे. अक्षरशः कोणाला तोंड दाखवायला जागा राहिलेली नाही. हे जे काही तू डोळा मारणं म्हणतोयस ना ते मी जाणून बुजून करत नाही रे! विश्वास ठेव माझ्यावर. माझ्या न कळत, खरं म्हणशील तर मला न जुमानता माझी एक पापणी सारखी लवते. माझं त्याच्यावर कसलंही नियंत्रण नाही. इतरांना मी डोळा मारतोय असं वाटतं. पण या व्याधीनं मी त्रस्त झालोय. सहसा मी त्यामुळे उंबरठ्याबाहेर पाऊलच ठेवत नाही. आज नाईलाजानं कोपऱ्यावरच्या दूधवाल्याकडे गेलो होतो. नाही सहन होत रे आता.' असं म्हणत गणपुले रडायलाच लागले.

त्यांच्यावर डाफरायला आलेलो मी उलट त्यांना सावरायलाच पुढं झालो.

'सांभाळा गणपुले स्वतःला. तुम्ही डॉक्टरांना दाखवलंयत का?'

'अरे ते तरी काय सांगणार आणि काय करणार! आलिया भोगासी असावे सादर म्हणत गप्प बसलोय.'

पण मी त्यांचं ऐकलं नाही. त्यांना बळेबळेच ओढत त्यांना माझ्या ओळखीच्या डॉक्टरांकडे घेऊन गेलो. त्यांनी कोणतीही शंका न काढता त्यांना व्यवस्थित तपासलं. अधिक माहिती घेण्यासाठी काही प्रश्न विचारले.

'काही काळजी करू नका. डोळा मारतोय ही सर्वसामान्यांची प्रतिक्रिया झाली. आमच्या भाषेत आम्ही याला हेमिफेशियल स्पाझम म्हणतो. आपल्याला उचकी लागते तीही एक प्रकारची स्पाझमच असते. आपल्या नियंत्रणाखाली नसलेला स्नायूचा हिसका म्हणा ना. तुमच्या पापणीचं नियंत्रण करणाऱ्या स्नायूला अशीच लचक भरलीय. त्यामुळे तो असा आखडत राहतो. ही एक मज्जातंतूंशी निगडित व्याधी आहे. होतं काय की काही वेळा एखादी रक्तवाहिनी या मज्जातंतूंना चिकटते. आता रक्तवाहिनीतून रक्तप्रवाह नियमित वाहत असल्यामुळे तिचं आकुंचन प्रसरण होतच राहतं. हृदयाच्या ठोक्यांबरोबर तीही ठेका धरते. तोच या मज्जातंतूलाही मग आपल्याबरोबर नाचवतो. ती अशी आखडत राहते, पापणीला लववते, आणि इतरांना वाटतं की तुम्ही डोळा मारताहात. काही वेळा मज्जातंतूंना झालेली इजाही याला कारणीभूत असते. बहुतेक वेळा ती चेहऱ्याच्या एकाच बाजूला होते. तिची सुरवात पापणीपासून होते. ती लवते आणि बघणाऱ्याचा गैरसमज होतो, की तुम्ही डोळा मारता आहात. पण जसजसा वेळ

जातो तसतशी ही व्याधी पापणीपुरतीच सीमित राहत नाही. चेहऱ्याच्या इतर भागावरही ती उतरते. तशी ही सहसा उपटणारी व्याधी नाही. एक लाख व्यक्तींमागे दहा जणांनाच ती छळते. तुम्ही दुर्दैवानं त्या दहा जणांपैकी एक आहात. तसे तुम्ही त्या मानानं अतिशय लवकरच माझ्याकडे पोहोचलात. तिच्यापायी कोणतीही वेदना होत नसल्यामुळे बहुतेक मंडळी दुर्लक्ष करत ती वर्षानुवर्षं अंगावर काढतात. निदान व्हायलाच उशीर होतो.'

'ते यायलाच तयार नव्हते डॉक्टर. मीच जबरदस्ती करत त्यांना आणलंय. त्यामुळे निदान, निदान तरी लवकर झालं. पण त्यावर काही उपाय आहे का?'

'आहे ना! म्हणून तर मी तुम्हाला ही कारणमीमांसा सांगत बसलो. सुरुवातीलाच नाही का मी म्हणालो, की काळजीचं कारण नाही. दोन उपाय आहेत. पहिला म्हणजे बॉट्युलिनम टॉक्सिन नावाचा एक पदार्थ आहे. कॉस्मेटिक शस्त्रक्रिया करून चेहऱ्यावर वयोमानाप्रमाणे आलेल्या सुरकुत्या घालवण्यासाठी त्याचा वापर केला जातो. अभिनेते मंडळींमध्ये, विशेषतः पाश्चात्त्य देशांमध्ये ते करणाऱ्यांची संख्या जास्त आहे. त्याचं इंजेक्शन नेमकं त्या मज्जातंतूला दिलं जातं. हा उपाय सुरक्षित आहे. त्यापायी कोणताही अपाय होत नाही. पण ते इंजेक्शन एकदा देऊन भागत नाही. दर चार आठ महिन्यांनी ते द्यावं लागतं. तसा त्याचा काही त्रास नसल्यामुळे तो उपाय सोईचा ठरतो. दुसरा उपाय शस्त्रक्रियेचा. व्हॅस्क्युलर सर्जरी म्हणजे रक्तवाहिन्यांची शस्त्रक्रिया करणाऱ्या तज्ज्ञांकडून ती केली जाते. तुम्ही तसे लवकर आलेले असल्यामुळे मी तुम्हाला इंजेक्शनचा सोपा मार्गच सुचवेन.'

'मग उगीच उशीर कशाला! शुभस्य शीघ्रम्!!

'येस डॉक्टर देऊन टाका ते इंजेक्शन. मीही या त्रासातून मोकळा होईन आणि इतरांनाही सांगायला मोकळा राहीन,' गणपुलेंच्याही मनावरचं ओझं आता उतरलं होतं.

तर असा डोळा जर मारत असाल तर गप्प राहू नका. त्या पायी शारीरिक वेदना होत नसतील पण समाजाच्या प्रतिक्रियेपोटी मानसिक वेदना होतच राहतात. तेव्हा डॉक्टरांना लवकरात लवकर भेटून त्यातून सुटका करून घ्या. मग तोंड लपवण्याची गरजच उरणार नाही.

। २४ ।

दीर्घायुषी व्हायचं असेल तर

'जीवेत शरदः शतम्', अशा शुभेच्छा आपण आपल्या आप्तेष्टांना, मित्रपरिवाराला देत असतो. खास करून त्यांनी वयाची शंभरी पूर्ण करावी, अशी सदिच्छा त्यांच्या वाढदिवशी व्यक्त करत असतो. त्याचं मूळ आपल्या काही प्राचीन ग्रंथांमध्ये, वेदांमध्ये, बायबलमध्ये, इतरही धर्मग्रंथांमध्ये, मनुष्यप्राण्याचं सरासरी आयुर्मान शंभर वर्षांचं असल्याचं जे सांगितलं गेलं आहे, त्यात आहे. तरीही असे शतकवीर दुर्मिळच असतात. तसं पाहिलं तर गेल्या काही वर्षांमध्ये जगभरातच लोकांच्या सरासरी आयुर्मानात भरघोस वाढ झाली आहे. आपल्याच देशाचा विचार केला तर स्वातंत्र्य मिळालं त्या वेळी जेमतेम तिशीच्या उंबरठ्या अलीकडे-पलीकडे रेंगाळणाऱ्या सरासरी आयुर्मानानं आता सत्तरी पार केली आहे. ऐंशी-नव्वदी गाठलेली मंडळी आता आपल्या आसपास सहज आढळतात.

आपण लशीकरणानं संसर्गजन्य रोगांवर केलेली मात, तसंच विकसित आरोग्यसेवा आपल्या दीर्घायुष्याला कारणीभूत आहे यात शंका नाही. जन्मदरात जेवढी घट आपण साध्य केली नसेल तेवढी मृत्यूदरात केली आहे. तरीही असं दीर्घायुष्य लाभावं हे जरी आपल्या आनुवंशिक वारशात सामावलेलं असलं तरी त्याला पूरक अशी जीवनशैली आपण अंगीकारली नाही तर ते भविष्य प्रत्यक्षात साकारत नाही. त्यामुळेच एका बाजूला ऐंशी नव्वद पार करणारी मंडळी दिसतात तशीच अकाली मृत्युमुखी पडलेल्यांची संख्याही नगण्य नसल्याचंच दिसून येतं.

उपजतच दीर्घायुष्याचा वारसा आपण घेऊन आलो असलो तरी तो साकार होण्यासाठी मिताहारी असावं, असा उपदेश जाणकार मंडळी करतात. मिताहार केवळ संख्यात्मक नसावा त्याला गुणात्मकतेचीही जोड दिली गेली पाहिजे, असंही सांगितलं जातं. वैज्ञानिक भाषेत बोलायचं तर दिवसभरात आपण किती उष्मांक, कॅलरी रिचवतो याचा विचार करायला हवा. त्या बाबतीत हात थोडा आखडताच घ्यायला हवा, दोन

घास कमीच पोटात घालावेत असंही सांगितलं जातं.

तरीही तो केवळ एक अंदाज आहे की त्यापाठी तसंच काही ठोस तर्कसंगत कारण आहे, असा सवाल कोणीही करेल. त्याचं उत्तर प्रयोगशाळेतील प्राण्यांवर केलेल्या काही प्रयोगांमधून मिळालं होतं. माश्या, कृमी आणि मूषक यांच्या उष्मांक सेवनात जेव्हा घट केली गेली तेव्हा त्यांच्या आयुर्मानात लक्षणीय भर पडल्याचं दिसून आलं होतं. तरीही हाच परिणाम मनुष्यप्राण्यामध्येही आढळेल का? हा सवाल अनुत्तरितच राहिला होता.

तोच उलगडण्याचा चंग येल या ख्यातनाम विद्यापीठातील प्राध्यापक विश्वदीप दीक्षित यांनी बांधला आहे. त्यांच्या प्रकल्पाच्या लांबलचक नावातल्या आद्याक्षरांनी तयार केलेलं लघुनाम 'कॅलरी' असं मोठं समर्पक ठेवलेलं आहे. त्या प्रकल्पासाठी त्यांनी दोनशे निरोगी तरुणांची निवड केली.

सुरुवातीला त्या सर्वांना त्यांचा नेहमीचा आहार घेण्याची मुभा दिली गेली. त्याची सरासरी काढून ते साधारणपणे किती उष्मांकांचं सेवन करतात याचं गणित केलं गेलं. त्यानंतर त्यांनी त्यांचे दोन समसमान गट केले. एका गटाला पूर्वीप्रमाणेच आहार दिला. दुसऱ्या गटातल्या व्यक्तींच्या उष्मांकांमध्ये मात्र १४ टक्क्यांची घट ठेवली. हा सिलसिला दोन वर्षं चालू ठेवला. आणि मग उष्मांकातल्या घटीपायी कोणते दीर्घकालीन परिणाम होतात याचा आढावा घेतला गेला.

वाढत्या वयापायी आरोग्याला जी काही कसर लागते त्याला आपली रोगप्रतिकारशक्ती दुबळी होणं कारणीभूत असते. याचं मूळ आपल्या गळ्याच्या घाटीत जो थायमस नावाचा छोटेखानी अवयव असतो त्याची कार्यक्षमता क्षीण होण्यात असल्याचं दिसून आलं होतं. ही ग्रंथी आपल्या रोगप्रतिकारयंत्रणेत कळीची भूमिका बजावणाऱ्या टी लिम्फपेशींची निर्मिती करते. साधारणपणे वयाच्या चाळिशीनंतर या ग्रंथीची कार्यक्षमता उताराला लागते. साहजिकच त्याची परिणती टी पेशींची संख्या कमी होण्यात किंवा त्यांची कार्यक्षमता कमजोर होण्यात होते. त्याचं कारणही वैज्ञानिकांच्या ध्यानात आलं होतं. वय वाढतं तसं थायमसमध्ये मेदाची म्हणजेच चरबीची बेसुमार वाढ होत जाते. तब्बल सत्तर टक्के मेदवृद्धी होते. साहजिकच त्यापायी निरनिराळ्या संसर्गजन्य रोगांची बाधा सहजगत्या होऊ लागते. आरोग्याला हानी पोचते.

म्हणूनच दीक्षित यांनी एमआरआय तंत्रज्ञान वापरून या थायमसची स्पष्ट छायाचित्रं मिळवायला सुरुवात केली. ज्या प्रयोगार्थींनी आपला नेहमीचाच आहार सुरू ठेवला होता त्यांच्या थायमसमध्ये मेदानं अपेक्षेप्रमाणे घुसखोरी करून बराचसा भाग व्यापला होता. त्यामुळे त्याच्यावर सोपवलेली कामगिरी पार पाडण्यासाठी आवश्यक तेवढी जागा ग्रंथीमध्ये राहिली नव्हती. मग सक्षम टी पेशींची निर्मिती पर्याप्त प्रमाणात कशी

व्हावी पण ज्यांनी कमी उष्मांकाचा आहार सतत दोन वर्ष घेतला होता त्यांच्या थायमसनं मेदवृद्धीला चांगलाच आळा घातला होता. चरबीनं त्या ग्रंथीचा थोडासाच भाग व्यापला होता आणि ती पेशी निर्मितीसाठी भरपूर भाग मोकळा सोडला होता. दीर्घायुषी व्हायचं असेल तर उष्मांक सेवनात घट करावी या उपदेशाचं तर्कसंगत कारण मिळालं होतं.

तरीही हे नेमकं कसं साध्य केलं जातं, हा प्रश्न दीक्षित यांना छळत होताच. ज्या जनुकांच्या वारशापायी दीर्घायुष्य आपल्या ललाटी लिहिलेलं असतं त्या जनुकाची ओळख पटावी आणि त्याच्याकडून ज्या प्रथिनाची निर्मिती होते त्याच्या कार्यक्षमतेची परीक्षा घ्यावी या उद्देशानं त्यांनी आणखी सखोल संशोधन चालूच ठेवलं आहे.

त्याचेच काही निष्कर्ष अलीकडेच त्यांनी *सायन्स*या मान्यताप्राप्त शोधनियतकालिकात प्रकाशित केले आहेत. त्यातूनच त्यांना अनपेक्षित माहिती मिळाली. टी पेशी निर्मितीच्या वेळी त्याच्या अवतीभवती जे सूक्ष्म पर्यावरण असतं त्यात कार्यरत असणाऱ्या जनुकांची ही किमया असल्याचं कळून आलं. मेदवृद्धीपायी या पर्यावरणाची हानी होऊन त्या जनुकाच्या काम करण्याच्या पद्धतीला धक्का पोचत होता.

खरं तर हे जनुक तसं लाभदायक नाही. ते या पर्यावरणाला दूषित करून टी पेशींच्या निर्मितीत अडथळाच आणत असतं. जास्त उष्मांकाचा आहार घेतल्यानं त्याचं फावतं आणि ते टी पेशींना कमजोर करतं, प्रसंगी त्यांच्या संख्येला क्षतीही पोचवतं. पण त्याच उष्मांकांच्या सेवनात कमतरता केल्यावर या जनुकाचीच काही प्रमाणात मुस्कटदाबी होते. टी पेशींच्या निर्मितीत अडसर आणण्याच्या त्याच्या हानिकारक वृत्तीला आळा घातला जातो.

उष्मांक सेवनाचा प्रभाव थेट जनुक पातळीवर पडत असल्याचा याहून मजबूत पुरावा कोणता हवा त्याचा पाठपुरावा करत इतरही काही असेच दीर्घकालीन परिणाम घडवून आणणारे उपाय आहेत की काय याचा धांडोळा आता दीक्षित घेत आहेत. ते संशोधन परिपूर्ण करण्यासाठी त्यांना दीर्घायुष्य लाभो अशीच प्रार्थना आपण करणं सयुक्तिक नाही का होणार!

। २५ ।

चेहऱ्यावरच्या सुरकुत्या रोखायच्या असतील तर...

आपली कांती कशी नितळ हवी. दाढी केल्यावर किंवा क्रीम वगैरे लावल्यानंतर त्वचा गुळगुळीत हवी, अशीच कोणाचीही अपेक्षा असते. पण ती नेहमीच पूर्ण होते असं नाही. वय वाढत चालल्यामुळे किंवा इतर काही कारणांपायी त्वचेवर सुरकुत्या पडायला लागतात. खास करून डोळे, ओठ, मानेच्या खळग्यात त्या अधिक स्पष्टपणे दिसू लागतात. कोपराखालच्या हातावरही त्यांचं जाळं जमू लागतं. माणूस अस्वस्थ होतो.

वास्तविक ही एक नैसर्गिक अवस्थाच आहे. आपल्या त्वचेच्या तीन पातळ्या आहेत. सर्वांत वरची; जी आपल्याला दिसते आणि जिला ऊन, पाऊस, वारा, थंडी यांचा सामना करावा लागतो ती बाह्यत्वचा किंवा एपिडर्मिस. त्याच्या खालची डर्मिस किंवा मध्यत्वचा. आणि या दोन्हींना आधार देणारी अंतर्त्वचा, तिला हैड्रोडर्मिस म्हणतात. आपली कातडी शुष्क होणार नाही, कोरडी पडणार नाही, नेहमी ओलसर राहावी म्हणून पाण्याचा अंश जतन करून ठेवणारी हैड्रोडर्मिस. सुरकुत्या जरी बाह्यत्वचेवर दिसत असल्या तरी खालच्या त्वचांमध्ये होणाऱ्या शरीरक्रियांमधील घडामोडींची दवंडीच तिच्याकडून पिटली जाते.

निरोगी बाह्य त्वचा पाणी किंवा ऊनपाऊस यासारख्या वातावरणातील घटकांना अडवते, एक तटबंदीच निर्माण करते. त्वचेला लवचिकपणा तसंच घट्टपणा देण्याचं काम तिच्यात असणारे कोलॅजेन, इलॅस्टिन आणि ग्लायकोअमिनोग्लायकॅनसारखे घटक करतात. भरपूर प्रमाणात ते उपस्थित असतात. त्यांच्या प्रमाणात किंवा रचनाबंधामध्ये बदल झाल्यास त्याचं प्रतिबिंब बाह्यत्वचेच्या स्वरूपावर पडतं, सुरकुत्यांच्या रूपात ते दिसू लागतं. परंतु या बाह्यत्वचेचा एक तुकडा घेऊन सूक्ष्मदर्शकाखाली तिचं निरीक्षण केलं तर मात्र ते निरोगी त्वचेहून वेगळं असल्याचं पटकन दिसून येत नाही. म्हणूनच

वैज्ञानिकांचा असा होरा आहे, की सुरकुत्या पडण्यामागे एकच एक कारण नसावं. वृद्धत्वाच्या नैसर्गिक प्रक्रियेपायी अनेक घटकांमध्ये होणार्‍या बदलांचा तो एकत्रित परिणाम असावा.

वृद्धत्वाच्या प्रक्रियेचेही दोन प्रकार आहेत. अंतर्गत आणि बाह्य. अंतर्गत प्रक्रिया नैसर्गिक असते. वाढत्या वयानुसार कोलॅजेन, इलॅस्टिन यांच्या प्रमाणात तसंच त्यांच्या रचनाबंधांमध्ये बदल होत राहतात. त्यामध्ये आपण काहीही ढवळाढवळ करू शकत नाही. आपल्या जीननी आपल्या शरीराच्या वाढीचं जे वेळापत्रक आखलेलं असतं त्यानुसार या प्रक्रिया पार पडतात. बाह्य घटकांचा त्यावर ढिम्म परिणाम होत नाही. सकारात्मकही नाही आणि नकारात्मकही नाही. वयाच्या विशीनंतर कोलॅजेनचं अंगभूत उत्पादन एक टक्क्यानं घटतं. साहजिकच त्याचा त्वचेच्या लवचिकपणावर परिणाम होतो. पण ही घट तशी अल्प असल्यामुळे तो परिणाम दिसून येत नाही. पण त्वचेची जाडी कमी व्हायला तसंच ती अधिक नाजूक व्हायला सुरुवात झालेली असते. या प्रक्रियेची तीव्रता वाढत्या वयानुसार वाढतच जाते. त्याच्या संगतीनं घामाचं नियंत्रण करणाऱ्या घर्मग्रंथींच्या कामातही शिथिलपणा येतो. त्वचेला आवश्यक असणारं तेल निर्माण करणाऱ्या तैलग्रंथीही चुकारपणा करू लागतात. इलॅस्टिन आणि ग्लायकॅन्सचं उत्पादनही मंदावतं. त्वचेला सुरकुत्या पडणं मग टाळता येत नाही.

या अंतर्गत प्रक्रियांबरोबर जर वातावरणाचा अनिष्ट परिणामही होत राहिला तर सुरकुत्या पडण्याचा वेग वाढत जातो. खास करून सूर्यप्रकाशात दीर्घ काळ काम करावं लागत असेल तर ही प्रक्रिया वेग घेते. सूर्यप्रकाशातील जंबुपार म्हणजेच अल्ट्राव्हायोलेट किरणांचा यात मोठा सहभाग असतो. जर या किरणांपासून बचाव करणाऱ्या सनस्क्रीन मलमांचा नियमित वापर केला तर काही प्रमाणात या प्रभावाचा जोर कमी करता येतो.

जंबुपार किरणांचा सतत मारा होत राहिल्यास बाह्यत्वचा अधिक जाड होते, तिच्यावर फ्रेकल्ससारखे काळे डाग पडायला लागतात, त्वचा अधिक नाजूक असेल तर काही प्रकारच्या कर्करोगाची लागण होण्याची शक्यताही वाढीस लागते. त्याच्याच जोडीला कोलॅजेन आणि इलॅस्टिन यांच्या उत्पादनात घट होण्याच्या प्रक्रियेलाही बळ मिळतं. त्वचेच्या आतल्या अंगामधील चरबी कमी होत जाते. साहजिकच त्वचा आपला गुळगुळीतपणा हरवून बसते. अधिकाधिक खडबडीत होत जाते. त्वचा पातळ होत सहजासहजी तुटू लागते. जरासं घर्षण झालं तरी तुटू लागते. कागदाची कडाही धारदार चाकूसारखी जखम करू शकते. साबणानं जोरजोरानं घासली जाण्यानंही तिला इजा पोचू शकते. सुरकुत्या आपलं बस्तान बसवायला लागतात तसंच आपला अंमल अधिकाधिक क्षेत्रावर बसवायला लागतात.

अंगभूत प्रक्रियेला आवर घालणं किंवा तिचा वेग मंदावणं शक्य नाही. पण बाह्य

कारणांपायी जी त्वचेची हानी होते तिला अटकाव करणं मात्र आपल्या हातात असतं. सूर्यप्रकाशातल्या 'यूव्ही ए' आणि 'यूव्ही बी' या किरणांचा मारा थोपवण्याचे जोमदार प्रयत्न करण्याची गरज खास करून वयाच्या विशीनंतर भासू लागते. त्यासाठी २४X७ प्रतिबंधक मलमांचा वापर मदतगार होऊ शकतो, ही मलमं या किरणांना आरपार जाऊ न देता बाह्य त्वचेचं त्यांच्या अनिष्ट परिणामांपासून बचाव करतात. या किरणांना रान मोकळं सोडल्यास सुरुवातीला त्वचा लालसर दिसू लागते. हळूहळू त्वचेचे बारीक तुकडे होत खाऱ्या बिस्किटांच्या पापुद्र्यासारखी होते.

अंतर्त्वचेतली चरबी कमी झाल्यामुळे त्वचा शिथिल पडते. तिचा लवचिकपणा हरवतो. आतला आधार गमावल्यामुळे ती लोंबू लागते. विसविशीत होऊ लागते. तिच्यावर रेषा उमटतात आणि घड्याही पडतात. या साऱ्यांचा परिपाक सुरकुत्यांचं जाळं तयार होण्यात होतो. आपला चेहरा, कोपरापासून खालचा हाताचा भाग नेहमीच उघडा असतो. सूर्यप्रकाश त्याच्यावर सतत मारा करतो. त्यामुळे सुरकुत्यांचं प्रमाणही याच अंगांवर अधिक विदारकपणे दिसून येतं. चेहऱ्यावर सतत एकच अभिव्यक्ती करत राहिल्यास त्याचाही परिणाम होतो. स्मितहास्य चेहऱ्याला उजाळा देतं. आपल्याला अधिक आकर्षक बनवतं, असा सर्वसाधारण समज आहे. तो खराही आहे. पण स्मितहास्य करताना ओठांभोवतीच्या स्नायूंना जास्त काम करावं लागतं. ते ताणलेल्या अवस्थेत राहतात. सततच्या या ताणांपायी ते स्नायूही ढिले पडतात. साहजिकच तिथली त्वचा आक्रसल्यासारखी होते. तिला घळी पडते. ती दूर करून परत तिला ताठरपणा देण्याच्या कामात स्नायूंकडून कुचराई होते. साहजिकच ती त्वचा तशीच घडी पडल्यासारखी राहते. सुरकुती तयार होते.

धूम्रपानदेखील सुरकुत्यांना जन्म देण्यास कारणीभूत असल्याचं अलीकडील संशोधनातून दिसून आलं आहे.

चेहऱ्यावरच्या सुरकुत्या ही एक वाढत्या वयाबरोबर होणारी नैसर्गिक प्रक्रिया आहे. त्यामुळे ती संपूर्ण टाळणं जरी शक्य नसलं तरी तिची तीव्रता कमी करणं मात्र आपल्या हातात आहे.

। २६ ।

हार्ट फेल्युअर झालं तर

विवेकचा समावेश आता ज्येष्ठ नागरिकांमध्ये होत असला तरी त्याची तब्येत तशी ठणठणीत होती. आजपर्यंत कधीही त्यानं इस्पितळाची पायरी चढलेली नव्हती. सर्दी पडशासारखे मामुली आजार सोडले तर तो निरोगी होता. आहारावर तसं त्याचं नियंत्रण होतं. नाही म्हणायला तो खवय्या होता. देशोदेशीचे चमचमीत पदार्थ खाण्याची त्याला आवड होती. तरीही तेही तो मर्यादितच घेत असे. आहार तसा मोजकाच होता. शिवाय तो चार साडेचार किलोमीटर चालण्याचा व्यायामही करत होता. अलीकडे त्यानं प्राणायाम करायलाही सुरुवात केली होती. एरवीही वाचनाची आवड त्यानं जोपासली होती. इतर कार्यक्रमातही तो व्यग्र राहत असे. त्यामुळेच वैशाली, त्याची पत्नी कधी कधी तक्रार करत असे, की निवृत्तीनंतर तर तो अधिकच व्यग्र राहू लागला आहे.

तरीही गेले काही दिवस त्याला थकवा जाणवू लागला होता. चार किलोमीटरपैकी तीन किलोमीटर झाले की त्याला थांबावंसं वाटू लागलं होतं. वाचनही पूर्वीसारखं होत नव्हतं. एक दोन पानं वाचली की हातातलं पुस्तक खाली ठेवावंसं वाटे. भूकही मंदावली होती. काही वेळा तर खाण्यावरची वासनाच उडाल्यासारखं होई. नॉशिया वाटे. वैशालीनं तर त्याला सुचवलं होतंच, पण आता त्यालाही डॉक्टरांचा सल्ला घ्यावासा वाटायला लागलं होतं. चालतच तो त्याच्या हृदयविकार तज्ज्ञांकडे पोहोचला.

त्यांनी त्याला तपासलं. त्याचा रक्तदाब मोजला. हृदयाचे ठोके मोजले. इसीजी काढला. त्यांची गंभीर मुद्रा पाहून विवेकला थोडं विचित्र वाटलं. त्यानं विचारलंही.

''काय झालं आहे डॉक्टर? तुमचा चेहरा इतका गंभीर का?''

क्षणभर डॉक्टर काहीच बोलले नाहीत. नंतर ते म्हणाले, विवेक तू ताबडतोब हॉस्पिटलमध्ये दाखल हो. मी माझ्या मित्राला सांगून सगळी व्यवस्था करतो. इथून तू थेट तिथंच जा.

विवेकला काहीच कळेना. वैशालीही गडबडून गेली.

''पण इतकं झालं आहे काय डॉक्टर?''

''हार्ट फेल्युअर आहे. कन्जेस्टिव्ह कार्डिऑक फेल्युअर.''

उटू पाहणारा विवेक मटकन खालीच बसला. वैशालीनं तर हंबरडाच फोडला. हार्ट फेल्युअर म्हणजे सगळं संपलंच म्हणायचं, असंच दोघांनाही वाटायला लागलं. अजून किती वेळ आहे असंच विचारावंसं त्यांना वाटू लागलं. पण तो प्रश्न विचारण्याची धास्ती त्यांना वाटत होती.

तोवर डॉक्टरांनी विवेकची हॉस्पिटलमध्ये, आणि तेही अति दक्षता विभागात दाखल होण्याची सगळी व्यवस्था करून टाकली. ते झाल्यावर त्यांनी विवेक आणि वैशाली यांच्याकडे नजर वळवली. हवालदिल झालेल्या त्या दोघांकडे पाहून ते उठले. विवेकच्या पाठीवर हात ठेवत ते म्हणाले, हे बघा असं हातपाय गाळण्याचं कारण नाही. हार्ट फेल्युअर हा आमचा डॉक्टरी वाक्प्रचार आहे. सर्वसामान्यपणे तुम्ही जो 'हार्ट फेल' हा शब्द वापरता तसं ते नाही. त्याचा अर्थ वेगळा आहे.

''असं बघा कवीमंडळींनी आणि प्रेमिकांनी हृदयाला अनेक रोमांचक विशेषणं चिकटवली असली तरी तो एक पंप आहे. स्नायूंनी बनलेला पंप. फुफ्फुसाकडून आलेलं ऑक्सिजननं परिपूर्ण असं शुद्ध रक्त शरीराच्या कानाकोपऱ्यात खेळवण्याचं काम तो करतो. त्या पंपाच्या कामात काही अडथळा आला, काही कारणांनी तो पंप कमजोर झाला तर तो ते रक्त व्यवस्थित बाहेर टाकू शकत नाही. ते आतच साठून राहतं. त्यातलं पाणी वेगळं होऊन शरीरात निरनिराळ्या ठिकाणी कातडी आणि स्नायू किंवा हाडं यांच्यामधल्या पोकळीत साठून राहतं. पायांना सूज येते ती त्यामुळेच. सुरुवातीला पायांनाच येते. मग शरीराच्या इतर भागांनाही ती येऊ लागते. पोट फुगतं. वजन वाढतं. पुराचं पाणी घरात शिरल्यानंतर तिथं राहणाऱ्यांची काय अवस्था होत असेल, याचं चित्र डोळ्यांसमोर आणा.

''आपली फुफ्फुसं, मूत्रपिंड, एवढंच काय पण हृदयसुद्धा त्या वाढलेल्या पाण्यातच राहावं लागल्यामुळे त्यांना नेमून दिलेली कामं नीट करू शकत नाहीत. त्यापायीच मग थकवा जाणवतो. जठरात आणि आतड्यांमध्ये तेच पाणी शिरल्यामुळे भूक नाहीशी होते. अन्नावरची वासना उडते. तसे तुम्ही वेळेवर माझ्याकडे आला आहात. त्यामुळे या स्थितीतून बाहेर काढून तुम्हाला नीट करणं शक्य आहे. त्यासाठीच तुम्हाला मी हॉस्पिटलमध्ये पाठवित आहे. तिथं अतिदक्षता विभागात तुमच्यावर चोवीस तास नजर ठेवली जाईल. शरीरातलं त्या अतिरिक्त पाण्याचा निचरा करण्याची व्यवस्था केली जाईल.

''विवेक, तुझा रक्तदाबही प्रमाणाबाहेर वाढला आहे. कारण हृदयाला अधिक जोर लावून आपलं काम करावं लागतंय. त्यापायीच हृदयाचे ठोकेही वाढले आहेत. ते परत

आपल्या मूळ जागी आणण्याला प्राधान्य दिलं पाहिजे. ते हॉस्पिटलात होईल. एका रात्रीत ते होणार नाही. पण लवकरच ते होईल. तेव्हा आता इथं वेळ न घालवता लगेच तिकडं निघा.

"जर हार्ट फेल्युअर झालं तर सगळं संपलं असं समजण्याचं कारण नाही. धीर धरा, सगळं काही ठीक होईल. मात्र डॉक्टरांच्या आज्ञा काटेकोरपणे पाळा. तिथं त्या पाळल्या जाताहेत याची दक्षता घेतली जाईलच. पण घरी गेल्यावरही तुम्हाला त्या पाळाव्या लागतील. चला."

"पण डॉक्टर हृदयाचा स्नायू कमकुवत झाला आणि त्यामुळे त्याची रक्त पंप करण्याची क्षमता कमी झाली म्हणजे हार्ट फेल्युअर असं म्हणता तर त्याचा अर्थ ते आता कधीच रक्ताभिसरण करू शकणार नाही असा तर नाही होत?"

"तसं मुळीच नाही. ते किती कमकुवत झालं आहे याचं मोजमापही करता येतं. हृदयातून किती प्रमाणात रक्त बाहेर फेकलं जातंय हे मोजता येतं. त्यासाठी टू डी एको इसीजी किंवा कार्डियॅक एमआरआय ही तंत्रज्ञानं मदतीला येतात. त्यांचा वापर करून हे प्रमाण म्हणजे इजेक्शन फ्रॅक्शन मोजता येतो. साधारणपणे पन्नास टक्के इजेक्शन फ्रॅक्शन सामान्य समजला जातो. त्याहून तो अधिक असेल तर हृदय चांगलंच मजबूत असल्याची ती निशाणी ठरते. पण तो कमी झाला असेल तर त्यामुळे मग हार्ट फेल्युअरची इतर लक्षणं, खास करून शरीरात पाणी साठून राहणं आणि त्यापायी सर्वांगाला सूज येणं ही लक्षणं दिसतात.

"मुख्यत्वे औषधोपचारांनी तो फ्रॅक्शन कसा वाढवता येईल हेच आम्ही पाहतो. कारण हृदयावर पडणारा ताण कमी केला की हा फ्रॅक्शन वाढू शकतो. त्यासाठीच कमी मीठ खाणं, एकूण पोटात जाणाऱ्या पाण्याचं प्रमाण कमी करणं, कालांतरानं चालण्यासारखा व्यायाम करणं वगैरे उपायही मदतीला येतात.

"तेव्हा जर हार्ट फेल्युअर झालं असेल तर त्याचा अर्थ सगळं काही संपलंय असा होत नाही. वेळेवर वैद्यकीय मदत घेतल्यास तुम्ही पूर्वीसारखंच जगू शकता. मात्र जीवनप्रणालीत कमी मिठाच्या जेवणासारखे काही उपाय कायमचे करावे लागतात. तेव्हा आता वेळ न घालवता इस्पितळात दाखल व्हा आणि उपचारांना सुरुवात करा. तुम्ही यातून बाहेर पडाल आणि बरे व्हाल.

। २७ ।

चक्कर येत असेल तर

जयंतला जाग आली. त्यानं घड्याळात पाहिलं. उठायला चांगलाच उशीर झाला होता. तो घाईघाईनं उभा राहिला. एकाएकी त्याला चक्कर आली. सगळी खोली गरगर फिरत असल्यासारखं त्याला जाणवलं. तोल जाऊन आपण पडू की काय अशी त्याची भावना झाली. सावरण्यासाठी तो मटकन खाली बसला. तरीही गरगरल्याची भावना नाहीशी झाली नाही. सगळी खोलीच गोल गोल फिरत आहे असं त्याला वाटू लागलं. त्यानं डोळे मिटून घेतले. त्यामुळे गरगरणारी खोली जरी दिसायचं बंद झालं तर चक्कर येत असल्याची भावना संपूर्ण नाहीशी झाली नाही. तिनं हळूहळू काढता पाय घेतला. थोड्या वेळानं जयंत भानावर आला. आता तो उभा राहू शकत होता. पण परत कधीही आपला तोल जाऊ शकेल आणि आपण पडू अशी भीती त्याला वाटतच राहिली. तो डॉक्टरांकडे गेला. त्यांनी व्हर्टिगोचं निदान केलं. वैद्यकीय भाषेत याला लॅबिरिन्थायटिस (Labyrinthitis) म्हणतात.

आपण दोन पायांवर ताठ उभे राहू शकतो. धडपडत नाही. आपला तोल व्यवस्थितरित्या संभाळला जातो. ती कामगिरी आपले कान पार पाडतात. कानाचं काम ऐकण्याचं जसं आहे तसंच तोल संभाळण्याचंही आहे. कानांच्या पडद्यांवर होणाऱ्या आवाजाच्या आघातातून आपण ऐकू शकतो. निरनिराळ्या शब्दांचे आघात वेगवेगळे ओळखून जे ऐकलं त्याचा अर्थ आपला मेंदू लावू शकतो.

पण कानाच्या आतल्या मध्य भागात काही अर्धवर्तुळाकार घळी असतात. त्या एका द्रवानं भरलेल्या असतात. त्यांच्या शेवटाला काही केस असतात. अंगावर जी लव असते तिच्या केसासारखेच हेही असतात. आपण जेव्हा आपलं डोकं हलवतो तेव्हा हा आतला कानही त्याच्याबरोबर तसाच हलतो. याचा परिणाम होऊन घळीतलं द्रव त्या केसांवर हलकेच आपटतं. ते केस वाकतात. त्यांच्याशी जोडलेल्या मज्जातंतूंवरून ती माहिती मेंदूकडे रवाना केली जाते. तिथं त्याच्यावर संस्कार करून त्या माहितीची

दखल घेतली जाते. त्यातून काढलेला निष्कर्ष मग डोळे, स्नायू तसंच सांधे यांच्याकडे पाठवला जातो. या अवयवांना शरीराचा तोल राखण्यासाठी ती माहिती गरजेची असते. त्यावरून योग्य ती व्यवस्था करत शरीराचा तोल ढळणार नाही, ते ताठच उभं राहील आणि पडणार नाही याची काळजी घेतली जाते.

या घळी तीन प्रकारच्या असतात. डोकं वर खाली केल्याची दखल एका घळीकडून घेतली जाते तर दुसरी डोकं उजवी डावीकडे फिरवलं तर त्याला दाद देते. सगळं शरीरच एका बाजूकडून दुसरीकडे हलवलं तर त्याचा प्रभाव तिसऱ्या घळीतल्या द्रवावर पडतो.

काही परिस्थितीत, उदाहरणार्थ जेव्हा आपण बोटीवर असतो तेव्हा त्या डुचमळणाऱ्या बोटीवर उभ्या असलेल्या व्यक्तिचे डोळे आणि कानातला अवयव यांच्याकडून मेंदूकडे जाणारे संदेश एकमेकांच्या विरोधात असतात. अशा वेळी मेंदूची धांदल उडते आणि तो योग्य तो आदेश स्नायू वगैरेंना देऊ शकत नाही. त्यामुळे मग ते तोल सांभाळण्याची आपली कामगिरी व्यवस्थितरित्या पार पाडू शकत नाहीत. चक्कर येते ती यापोटीच. बोट किंवा बस लागणं म्हणतात ते या पायीच होतं. तो व्हर्टिगो नसतो. बोटीवरून परत जमिनीवर पाय ठेवला की ती संवेदना नाहीशी होते.

पण जमिनीवर असतानाही अशी चक्कर येते त्याला, व्हर्टिगोला, या आतल्या कानातल्या तोल सांभाळणाऱ्या अवयवाला झालेला जंतूसंसर्ग कारणीभूत असतो. त्यापायी जर या अवयवाचा शोथ झाला, जळजळ झाली तर त्याची परिणतीही व्हर्टिगोत होऊ शकते.

या अवयवामध्ये काही छोटे छोटे कॅल्शियमचे स्फटिक असतात. काही कारणांनी ते आपल्या नियमित जागेवरून मोकळे होतात आणि इतस्ततः भटकू लागतात. काही त्या घळींमधल्या द्रवपदार्थात शिरतात. तसं झालं की तोल सांभाळण्याचं निसर्गदत्त काम करणं त्या घळींना आणि द्रवपदार्थाला कठीण होऊन बसतं. त्यामुळेही व्हर्टिगोचा त्रास होऊ लागतो.

कानातला हा तोल सांभाळणारा अवयव लहान मुलांमध्ये अंमळ जास्त संवेदनशील असतो. त्यात थोडासाही बदल झाला तरी चक्कर येण्याची शक्यता असते. तीच परिस्थिती उतार वयातही जाणवते. पण त्याचं कारण वयोपरत्वे या अवयवात झालेली झीज असते.

अशी झीज झालेली नसतानाही काही वेळा चक्कर येते. याला पोस्चुरल हायपोटेन्शन कारणीभूत असतं. आपल्या शरीराची स्थिती सतत एकसारखी नसते. कधी आपण बसलेलो असतो. कधी बिछान्यावर लोळत असतो. रात्रीच्या वेळेस तर काही तास आपण झोपतो. तेव्हा पाठीवर किंवा कुशीवर पहुडलेले असतो. तर कधी उभे असतो. चालत असतो. म्हणजे शरीराची स्थिती सतत एकाच प्रकारची नसते. तिच्यात बदलही

होत असतात. बसलेले असताना आपण उठून उभे राहतो. किंवा उभे असतानाही वळतो. हा बदल जर आपण झपाट्यानं केला तर विशेषतः बसलेल्या स्थितीतून एकदम उभे राहिलो तर चक्कर येते. त्यापायी पोस्चुरल हायपोटेन्शनचा (Postural hypotension) त्रास होऊन चक्कर येते.

जेव्हा आपण बसलेल्या किंवा झोपलेल्या स्थितीतून उभे राहतो तेव्हा गुरुत्वाकर्षणाच्या प्रभावाखाली रक्त पायाकडे वाहतं. तिथंच गोळा होतं. हृदयाकडे परत जाणाऱ्या रक्ताच्या प्रमाणात घट होते. परिणामी रक्तदाब घसरतो. त्याची दखल घेणारे संवेदक हृदयाजवळ तसंच मानेतील रक्तवाहिन्यांजवळ असतात. त्यांना या घसरलेल्या रक्तदाबाची चाहूल लागताच ते तसा संदेश मेंदूकडे धाडून देतात. मेंदू मग हृदयाला आणखी जोरानं रक्त बाहेर धाडण्याची आज्ञा देतो. रक्तदाब परत सामान्य पातळीवर आणण्याचा तो प्रयत्न असतो. रक्तवाहिन्यांचं आकुंचन होत रक्तदाब वाढण्यास मदत होते. पण मध्यंतरीच्या काळात मेंदूला होणारा रक्तपुरवठा कमी झाल्यानं त्याला शरीराचा तोल सांभाळण्याची प्रक्रिया नेहमीच्या जोमानं करता येत नाही. तोल ढासळतो. चक्कर येते. काही वेळा त्याची परिणती अल्प काळासाठी शुद्ध हरपण्यातही होऊ शकते.

याची काही सामान्य कारणं आहेत. शरीरातील पाण्याचं प्रमाण कमी झाल्यानं रक्तदाबातला हा परिणाम होऊ शकतो. उलट्या आणि जुलाब होत असल्यास आणि अशा वेळी पुरेसं पाणी न पिल्यास शरीरात निर्जलीकरण होऊ शकतं. त्याचा परिणाम रक्तदाबावर होऊन चक्कर येण्याची संभाव्यता वाढते. हृदयासंबंधित काही व्याधींमुळेही हा प्रकार होऊ शकतो. खास करून जर हृदयाचा तबलजी अतिशय हलक्या हातानं काम करू लागला, ठोके लक्षणीयरित्या कमी झाले, हृदयातल्या झडपांना बाधा झाली किंवा त्याची रक्त पंप करण्याची क्षमता घटली म्हणजेच हार्ट फेल्युअर झालं तरी अशा प्रकारची चक्कर येऊ शकते. काही वेळा औषधांच्या दुष्परिणामापोटीही पोस्चुरल हायपोटेन्शन होऊ शकतं. सर्वसाधारणपणे ही स्थिती जास्त काळ टिकत नाही किंवा सतत तिचा त्रास होत नाही. शरीराच्या स्थितीतला बदल सावकाश केला, गर्रकन वळणं टाळलं तर या व्याधीचा त्रास होत नाही. पण जर असा प्रकार सतत होत राहिला तर मात्र वैद्यकीय सल्ला घेणं शहाणपणाचं ठरेल.

भोवळ येत असेल तर..!

चक्कर / भोवळ येण्याची अनेक कारणं असू शकत होती. माणूस दोन पायांवर ताठ उभा राहायला लागला तेव्हाच त्याचा तोल सांभाळण्याची शरीरातील यंत्रणाही प्रस्थापित झाली. हा तोल सांभाळण्याची कामगिरी तशी मेंदूचीच. पण त्यासाठी मेंदूला

अनेक अवयवांकडून माहिती मिळणं आवश्यक असतं. डोळे, कानातला आतला भाग, तळपायांशी निगडित असलेले मज्जातंतू, मणका या सगळ्यांकडून मिळालेल्या संदेशांचं वाचन करून मेंदू तोल सांभाळण्यासाठीच्या आवश्यक त्या सूचना देत असतो. आपण चित्रपट पाहतो त्यावेळी ती चित्रफीत विशिष्ट वेगानं डोळ्यासमोरून सरकत जाते. पण तीच जर तुफान वेगानं पळवली तरी चक्कर आल्यासारखं वाटतं. कारण डोळ्यांकडून मेंदूला मिळणाऱ्या संदेशांमध्ये गडबड होत राहते. कानाच्या आतल्या भागात असलेला द्रवरूप पदार्थही तोल सांभाळण्याचं काम करतो. पण त्याच्यात जर फार खळबळ माजली तरी भोवळ येते. ही झाली तशी साधी कारणं. पण या व्यतिरिक्त इतरही अनेक कारणं आहेत.

रक्तातलं साखरेचं प्रमाण वाढलं तर व्यक्ती मधुमेहानं पछाडली जाते. त्यासाठी मग काहींना नियमित इन्शुलिन घ्यावं लागतं. पण त्याचा अतिरिक्त डोस झाला किंवा उपाशी पोटीच ते घेतलं गेलं तर रक्तातलं साखरेचं प्रमाण झपाट्यानं खाली उतरतं. अशा प्रसंगीही डोकं हलकं झाल्यासारखं वाटतं. डोळ्यांपुढं अंधारी येते. आजूबाजूला काय घडतंय हे समजेनासं होतं. रक्तातलं साखरेचं प्रमाण योग्य पातळीवर आणण्यासाठी साखर किंवा चॉकोलेट खाणं यावेळी फायद्याचं ठरतं. थोड्या विश्रांतीनंतर व्यक्ती ताजीतवानी होते. काही वेळा घाईघाईनं कार्यालयीन बैठकीला हजर राहण्यासाठी उपाशी पोटीच व्यक्ती धावपळ करते. ऐन बैठकीत खुर्चीत बसल्या बसल्याच ती खाली घसरायला लागते. डोकं चक्रावल्यासारखं झाल्यानं बैठकीतून लक्ष उडतं. हे रक्तातल्या साखरेचं प्रमाण योग्य पातळीच्या खाली घसरल्याचं लक्षण असतं.

काहींना व्हर्टिगोचा त्रास असतो. या नावाचा आल्फ्रेड हिचकॉकचा सिनेमा आहे. त्यातल्या नायकाला उंचीची भीती वाटते. उंचावरून खाली पाहिल्यावर त्याला चक्कर येते. यामुळे अनेकांचा असा समज झाला आहे, की उंचीच्या या अनाकलनीय भीतीपायी, फोबियापायीच, माणूस व्हर्टिगोची शिकार होतो. तसं नाही. जमिनीच्या पातळीवर असतानाही काहींना गरगरल्यासारखं होतं, पोट ढवळून आल्यासारखं वाटतं, आपण पडू की काय अशी भीती वाटू लागते. खरं तर हा आजारही नाही की व्याधीही नाही. ते एक लक्षण आहे. शरीराचा तोल सांभाळण्याच्या कामगिरीत कळीची भूमिका बजावणाऱ्या कानाच्या आतल्या भागातल्या द्रवात खळबळ माजत असल्याचं, काही तरी बिघाड झाल्याचं, ते लक्षण असतं.

समजा तुम्ही बसलेले आहात. बराच वेळ संगणकावर काम करत आहात. कोणीतरी दारावरची बेल जोरजोरात वाजवतं. तुम्ही झटकन उठून तिकडे जाण्यासाठी उभे राहता आणि तुम्हाला भोवळ येते. ही सर्वसाधारण परिस्थिती आहे. हिलाच डॉक्टर ऑर्थोस्टॅटिक किंवा पोश्चुरल हायपोटेन्शन म्हणतात. कारण ज्या वेगानं तुम्ही तुमच्या

स्थितीत बदल केलेला असतो त्या वेगानं रक्त मेंदूकडे पोचू शकत नाही. अपुऱ्या रक्तपुरवठ्यामुळे मेंदूला आपलं काम व्यवस्थित पार पाडता येत नाही. तुम्हाला चक्कर आल्यासारखं वाटतं. पण ही परिस्थिती जास्त काळ टिकत नाही. थोड्याच वेळात तुम्ही परत ताजेतवाने होता. उतार वयात याचा जास्त त्रास होऊ शकतो. या वयात रात्रीच्या वेळेस कित्येकांना लघवीसाठी एक दोन वेळा उठावं लागतं. अशा वेळी तुम्ही बिछान्यातून घाईघाईनं उठू नये असाच सल्ला डॉक्टर देतात. उताण्या स्थितीतून हळूहळू उठत बसण्याच्या स्थितीत यावं. थोडा वेळ तसंच बसून राहावं आणि हळूहळूच उठून उभं राहावं. त्याही स्थितीत थोडा वेळ काढून मगच चालायला लागावं, असंच तज्ज्ञ सांगतात. तसं केल्यानं रक्तप्रवाह सुरळीत होण्यास मदत होते.

अतिरिक्त घाम आल्यामुळे शरीरात पाण्याची कमतरता भासते. डिहायड्रेशन होतं. कडक उन्हात क्रिकेट खेळताना काही वेळा खेळाडूंच्या पायात गोळे येतात त्याचं कारणही हेच असतं. अशा स्थितीतही भोवळ येऊ शकते. त्यासाठी वेळेवर आणि पुरेसं पाणी पिण्याची आवश्यकता असते.

काही संसर्गामुळेही भोवळ येऊ शकते. दोन प्रकारच्या संसर्गामध्ये हा धोका वाढीस लागतो. आपल्या कानाचा आतला भाग मेंदूशी मज्जातंतूं जोडलेला असतो. याला व्हेस्टिब्युलर नर्व्ह (vestibular nerve) म्हणतात. विषाणूच्या संसर्गामुळे काही वेळा ती सुजते. त्या परिस्थितीत नीट ऐकूही येत नाही. तसं झालं असल्यास भोवळ येते. तसंच मेनियर्स सिन्ड्रोम या नावानं ओळखल्या जाणाऱ्या आजारातही चक्कर येते. उलटीही होते. पोटात सतत ढवळल्यासारखं होत राहतं. पोश्चुरल हायपोटेन्शनप्रमाणे ही परिस्थिती क्षणभंगुर नसते. काही तास किंवा दिवसही ही स्थिती टिकून राहते. त्या संसर्गाचा पुरता बीमोड होईपर्यंत याचा त्रास सहन करावा लागतो.

मेंदूला आपलं काम व्यवस्थित पार पाडण्यासाठी पर्याप्त प्रमाणात ऑक्सिजनची गरज असते. ती गरज सुरळीत असलेल्या रक्ताभिसरणातून मिळते. त्या प्रवाहात काही कारणांनी अडथळा आल्यास भोवळ येते. पोश्चुरल हायपोटेन्शनसारखा हा अडथळा तात्पुरत्या स्वरूपाचा असल्यास काहीही न करता परत सर्व काही मूळपदावर येतं. पण जर तो दूरगामी स्वरूपाचा असेल तर मात्र वैद्यकीय मदत ताबडतोब घेण्याचाच सल्ला दिला जाईल. खास करून भोवळ येण्याबरोबरच इतरही काही लक्षणं असतील तर पक्षाघाताचा किंवा हृदयविकाराचा झटका येण्याची शक्यता असते. ते टाळण्यासाठी वैद्यकीय मदत घेणंच योग्य असतं.

। २९ ।

हृदयच नसेल तर

आपल्या छातीच्या डाव्या बाजूला हात लावला तर हृदयाची धडधड जाणवते. डॉक्टरही स्टेथॉस्कोपच्या मदतीनं या धडधडीचं निरीक्षण करतात. ती नियमित होत आहे की नाही याची चाचपणी करतात. एक काळ असा होता की जर हृदयाला इजा झाली, त्याच्या कामात अडथळे निर्माण झाले तर त्याचं निदानही करणं शक्य होत नव्हतं. मग त्यावर उपचाराची तर बातच नाही. पण त्या स्थितीत आता आमूलाग्र बदल झाला आहे.

हृदय हा शरीरातला एक महत्त्वाचा अवयव आहे. तो जोवर धडधडत असतो तोवर आपलं जगणं सुरळित चालू राहतं. पण त्याचा ठोका अनियमित झाला किंवा बंद पडला की जगणं मुष्किल होऊन जातं. तसा आपला मेंदू हा प्रमुख अवयव मानला जातो. कारण तो सर्वच शरीरक्रियांचं नियंत्रण करतो. एवढंच काय पण आपल्या वर्तणुकीचं, भावभावनांचंही नियंत्रण करतो. तरीही हृदयाला महत्त्व आहे कारण तेच मेंदूसहित सर्व शरीराला ऊर्जा पुरवतं. शुद्ध रक्त अंगाच्या कानाकोपऱ्यात खेळवतं. त्याद्वारे ऑक्सिजनचा पुरवठा करतं.

आपल्या छातीच्या डाव्या बाजूला हात लावला तर हृदयाची धडधड जाणवते. डॉक्टरही स्टेथॉस्कोपच्या मदतीनं या धडधडीचं निरीक्षण करतात. ती नियमित होत आहे की नाही याची चाचपणी करतात. एक काळ असा होता की जर हृदयाला इजा झाली, त्याच्या कामात अडथळे निर्माण झाले तर त्याचं निदानही करणं शक्य होत नव्हतं. मग त्यावर उपचाराची तर बातच नाही. पण त्या स्थितीत आता आमूलाग्र बदल झाला आहे. हृदय जर अस्वस्थ झालं तर त्याचं नेमकं आणि नेटकं निदान करणं तर शक्य झालंच आहे. पण त्यावर उपचारही केला जाऊ शकतो. एवढंच काय पण एखाद्या यंत्राचा कुचकामी झालेला भाग काढून टाकून त्याच्या जागी नवा व्यवस्थित काम करणारा भाग बसवावा तसं जुनं शीर्णजीर्ण झालेल्या हृदयाच्या जागी दुसऱ्याच हृदयाचं आरोपणही करता येतं. काही जणांच्या बाबतीत हृदय आपल्या जागेवर नसतं.

डाव्या बाजूच्या ऐवजी ते उजव्या बाजूला असतं. ही स्थिती त्याच्या काम करण्यात मात्र अडथळा आणत नाही. त्याचे ठोके व्यवस्थित पडत राहतात, सर्व अवयवांना शुद्ध रक्ताचा पुरवठा करत राहतात. पण जर हृदयच नसेल तर! अशा स्थितीची कल्पनाच करवत नाही ना? पण अशी एक स्त्री या जगात आहे. सेल्वा हुसेन. तिला हृदय आहे. पण ते तिच्या शरीरात नाही. शरीराबाहेर आहे. विंचवानं आपलं घर पाठीवर घेऊन हिंडावं तशी ती आपलं हृदय चक्क पाठीवर घेऊन जगते आहे. लंडन शहराच्या पूर्व भागातल्या इलफर्ड या उपनगरात ती राहते. तिच्या या कृत्रिम हृदयाचं आरोपण २७ जून २०१७ रोजी करण्यात आलं. दोन मुलांची आई असलेल्या सेल्वाला हार्ट फेल्युअरची बाधा झाली. त्यामुळे तिला हेअरफिल्ड इस्पितळात दाखल करण्यात आलं. पश्चिम लंडनमधील या इस्पितळात ती २०१७मध्ये दाखल झाली. त्यावेळी तिचं वय ३९ वर्षांचं होतं. असं जगावेगळं हृदय घेऊन जगणारी ती इंग्लंडमधली पहिली आणि जगातली दुसरी व्यक्ती आहे.

त्या वेळी तिला श्वासोच्छ्वास करणं कठिण झालं होतं. दम लागत होता. अतिशय थकवा जाणवत होता. त्या परिस्थितीतही २०० यार्ड मोटार चालवीत ती आपल्या नेहमीच्या डॉक्टरच्या दवाखान्यात गेली. त्यांनी तिला तपासून ताबडतोब स्थानिक इस्पितळात जाण्याचा सल्ला दिला. तिची सगळी लक्षणं तिला तीव्र हार्ट फेल्युअरची बाधा झाल्याचं सांगत होती. त्यामुळे तिला हेअरफिल्ड इस्पितळात दाखल करावं लागलं होतं. तेव्हा तिच्या हृदयाची स्थिती नाजूक झाल्याचं ध्यानात आलं. ती परत पूर्वपदावर आणणं अशक्य असल्याचं ध्यानात आल्यामुळे दुसरं हृदयच बसवावं लागणार होतं. हृदयारोपणासाठी योग्य हृदय मिळेपर्यंत वाट बघणंही शक्य नव्हतं. लाईफ सपोर्ट सिस्टीमवरही तिला जिवंत राहणं अशक्य झालं असतं. क्षणोक्षणी तिची स्थिती अधिकच बिघडत चालली होती. दुसरं हृदय बसवायचं म्हणजेच हृदयारोपणाची शस्त्रक्रिया करायची तर त्यासाठी योग्य ते आणि तिचं शरीर नाकारणार नाही असं हृदय मिळणं आवश्यक होतं. ते तर उपलब्ध नव्हतं. आणि ते मिळेपर्यंत वाटही पाहता येत नव्हती. त्यामुळे तिच्या शरीरात संपूर्णपणे कृत्रिम हृदय बसवण्याचा निर्णय डॉक्टरांनी घेतला. त्यासाठी अर्थात तिची किंवा तिच्या पतीची संमती असण्याची गरज होती. परिस्थितीचं गांभीर्य डॉक्टरांनी समजावून सांगितल्यावर तिचा पती अली तयार झाला. त्यानंतर कसोटी डॉक्टरांची होती. त्यांनी तिच्या नैसर्गिक पण आता दुबळं झालेल्या हृदयाची शरीरातून सुटका केली. अतिशय काळजीपूर्वक ते करणं आवश्यक होतं. पण डॉक्टरांनी ती कसोटी पार केली. त्याच्या जागी कृत्रिम हृदय म्हणजेच एक यांत्रिक पंप बसवण्यात आला. त्याचे कप्पे प्लास्टिकचे बनवलेले होते. त्यांचं आकुंचन प्रसरण नियंत्रित करणारी आठ किलो वजनाची यंत्रणा तिला आपल्या पाठीवर बाळगायची

होती. ते प्लास्टिकचं कृत्रिम हृदय फुप्फुसाकडून आलेलं शुद्ध रक्त घेऊन ते शरीरभर खेळवण्याची कामगिरी पार पाडणार होतं. पण त्या पंपाला ऊर्जा पुरवण्याची तसंच त्याला कार्यरत ठेवण्याची यंत्रणाही हवी होती. ती एका पाठुंगळीला घेणाऱ्या पिशवीनं म्हणजेच बॅक पॅकनं पार पाडण्याचं निश्चित केलं गेलं. ८१ लाख रुपये किंमतीची ती सारी यंत्रणा आपापल्या जागी बसवण्यासाठी डायना गार्सिया साएझ या शस्त्रक्रियाविशारद आणि त्यांचे साहाय्यक आन्द्रे सायमन सहा तास झगडत होते.

त्या प्रदीर्घ शस्त्रक्रियेनंतरही सेल्वाला तब्बल एक महिना इस्पितळात घालवावा लागला. त्या काळात तिला परत ते सगळं शरीरातलं आणि शरीराबाहेरचं पाठीवरचं अवडंबर बाळगत चालायचं कसं, बोलायचं कसं, खाणं पिणं कसं करायचं याची दीक्षा देण्यात आली. तसंच तिचे कमकुवत झालेले स्नायू परत बळकट करायचे होते. जर त्या बॅक पॅकमधली कृत्रिम हृदयाला ऊर्जा पुरवणारी बॅटरी बंद पडली तर तिच्या जागी नवीन बॅटरी बसवण्यासाठी फक्त ९० सेकंदांचा कालावधीच उपलब्ध होणार होता. त्याचीही शिकवणी घ्यायची होती. सेल्वाचं ते कृत्रिम हृदय दर मिनिटाला १३८ वेळा शरीरभर रक्त खेळवणार होतं. आणि सेल्वाला जीवनदान देणार होतं. तिच्या पाठीवरच्या पिशवीतून निघालेल्या दोन मोठ्या प्लास्टिक नळ्या तिच्या बेंबीमधून शरीरात शिरून छातीपर्यंत गेल्या. तिथं दोन मोठे आणि तगडे फुगे बसवले होते. त्यांच्यामध्ये हवा भरण्याचं काम या नळ्या करत होत्या. ते फुगे खऱ्याखुऱ्या हृदयाच्या कप्प्यांचं काम करत रक्त शरीरभर खेळवण्याची कामगिरी पार पाडणार होते.

पुढचं सारं आयुष्य या अवजड कृत्रिम हृदयाबरोबर तिला काढावं लागण्याची शक्यता नाकारता येत नसली तरी काही काळानंतर तिचं शरीर स्वीकारेल असं अस्सल हृदय उपलब्ध होईल, अशी आशा डॉक्टर बाळगून आहेत.

खगोल

चंद्र नसताच तर..!

चंद्राचं आणि आपलं नातं जन्मापासूनच जुळलेलं असतं. लहानपणीच चांदोबा, चांदोबा, भागलास का! निंबोणीच्या झाडामागे लपलास का! असं म्हणत आपण त्याच्याबरोबर खेळू लागतो. तारुण्यात तर काय चंद्र आहे साक्षीला म्हणत आणाभाका घ्यायला प्रवृत्तच होतो. आणि संध्याछाया भिववू लागल्या की तोच चंद्रमा नभात म्हणत त्या पहिल्या प्रीतीच्या आठवणीत रममाण होण्याचा प्रयत्न करतो. म्हणूनच वाटतं की हा चंद्र जर नसताच तर काय झालं असतं?

आता तुम्ही म्हणाल की तसा तो दर अमावास्येला नाहीसा होतोच की! पण तो खरोखरच गायब झालेला असतो; का असतो आपल्या जागीच? फक्त आपल्याला दिसत नाही एवढंच. सूर्य नाही का, रात्री आपल्या आकाशातून निघून गेलेला असतो. पण म्हणून तो नाहीसा झालेला नसतो. आपल्या नसेल, पण इतर कोणाच्या तरी आकाशात पूर्ण दिमाखानं तळपत असतोच ना. तसंच चंद्राचं आहे. पण समजा, म्हणजे कल्पना करा, की तो खरोखरच नाहीसा झाला. म्हणजे अजिबात निघून गेला. तर काय होईल? तरुण-तरुणींची पंचाईत होईल आणि कविमंडळी घायाळ होतील, हे खरं. पण तो जर खरोखरीच नाहीसा झाला तर आपली म्हणजे या धरतीची काही खैरियत नाही, असंच समस्त वैज्ञानिक मांदियाळी सांगते आहे.

खरं तर चंद्र हे पृथ्वीचंच अपत्य. एका लघुग्रहाशी झालेल्या टक्करीतून पृथ्वीचा जो टवका उडाला तोच चंद्र म्हणून आपल्याला प्रदक्षिणा घालत अंतराळात बस्तान ठोकून बसला. म्हणजे चंद्राची आणि वसुंधरेचीही जन्माचीच साथ आहे. त्याचीच जाण ठेवून चंद्रानंही आपल्या जननीवर अनेक उपकार केले आहेत.

चंद्राच्या नाहीशा होण्याचा पहिला फटका बसेल तो आपल्या सागरांना येणाऱ्या भरती-ओहोटीच्या चक्राला. तसं पाहिलं तर चंद्राचं वस्तुमान पृथ्वीच्या वस्तुमानापेक्षा कितीतरी कमी आहे. म्हणूनच त्याच्या गुरुत्वाकर्षणाची मात्रा आपल्या एक षष्ठांशच

आहे. तरीही त्याच्या ओढीचा
परिणाम म्हणूनच त्याच्याकडे मोहरा
वळवलेल्या समुद्रांना भरती येते
आणि इतर ठिकाणी ओहोटी. आता
चंद्रच नसेल तर त्याची ओढही
जाणवणार नाही. त्यापायी मग भरती
येणं अजिबात थांबेल का? तर नाही.
कारण भरती येण्यामागे सूर्याच्या
गुरुत्वाकर्षणाचाही प्रभाव असतो.

पण चंद्र तुलनेनं किती तरी जवळ असल्यामुळे सूर्याच्या ओढीचा हिस्सा नगण्य
असतो. पण चंद्र नाहीसा झाला तर सूर्याच्या ओढीचा प्रभाव जाणवायला लागेल. आणि
भरती-ओहोटीचा खेळ चालूच राहील. मात्र सध्याच्या तुलनेत त्यांची मात्रा जेमतेम
एक तृतीयांशच राहील. पौर्णिमेला सूर्य, चंद्र आणि पृथ्वी एका सरळ रेषेत असतात.
त्यावेळी चंद्र आणि सूर्य यांच्या ओढीची बेरीज होऊन उधाण येतं. उलट सूर्य आणि चंद्र
जेव्हा काटकोनात असतात, म्हणजे साधारण अष्टमीच्या दिवशी, त्यावेळेला भरतीची
मात्रा किमान असते. कमाल भरती किमान भरतीच्या दुप्पट मोठी असते. पण चंद्र
नाहीसा झाला तर हा बेरीज वजाबाकीचा खेळही संपेल. आणि दिवस कोणताही असो,
भरतीची उंची तेवढीच राहील. आणि तीही सध्याच्या सर्वसाधारण उंचीपेक्षाही कमीच
भरेल.

या भरती ओहोटीच्या खेळाचा परिणाम किनाऱ्यावरच्या पर्यावरणावर होत असतो.
भरती-ओहोटीच्या खेळापायी समुद्राची घुसळण होते. आणि त्यातून कितीतरी खनिजं,
इतर पोषक पदार्थ किनाऱ्यावर आणून ओतले जातात. त्यावर खेकडे, स्टारफिश,
गोगलगायी, शिंपल्यातले जीव यासारख्या तिथं संसार थाटणाऱ्या सजीवांचं जीवनचक्र
चालतं. भरतीचा आवेगच आटला तर मग या सजीवांची उपासमारच होण्याची शक्यता
जास्त.

ऋतुचक्र हे धरतीचं वैशिष्ट्य अव्याहत चालू असतं. वर्षभर एकच ऋतू ठाण मांडून
बसलाय असं होत नाही. याचं कारण म्हणजे पृथ्वी कललेली आहे. सूर्याभोवती ज्या
पातळीत ती प्रदक्षिणा घालते तिच्याशी पृथ्वीचा आस साडेतेवीस अंशाचा कोन करतो.
हा धरतीचा कल तसाच स्थिर राहील याची खबरदारी चंद्राचं गुरुत्वाकर्षण घेतं. चंद्रच
नसेल तर मग धरतीला असं स्थैर्य कसं मिळेल? चंद्र नसेल तर मग वसुंधरेच्या या कलात
वेडावाकडा बदल होत राहण्याची दाट शक्यता आहे. म्हणजे साडेतेवीस अंशांऐवजी तो
कमी होईल, कदाचित शून्यावरही येईल. तसं झालं तर मग वर्षभर एकच ऋतू असेल.

उलट धरतीचा कल वाढूही शकेल. तसं झालं तर मग ऋतुचक्र पार उलटं पालटं होऊन जाईल. हवामान बदलाला काही ताळतंत्रच राहणार नाही. हिमयुगही अवतरू शकेल. त्यापायी सगळीच सजीवसृष्टी धोक्यात येईल. बापडा चंद्र आहे राखणीला म्हणून तर सगळं आलबेल आहे.

ऋतुचक्रच नाही तर दिवसरात्रीचं चक्रही बिघडून जाईल. हे चक्र पृथ्वी स्वतःभोवती गिरकी मारत असल्यामुळे निर्माण झालं आहे. चोवीस तासात धरती स्वतःभोवती एक प्रदक्षिणा पूर्ण करते. हा जो तिचा वेग आहे तोही चंद्रानंच आपल्या गुरुत्वाकर्षणाच्या ओढीतून निर्धारित केलेला आहे. आता चंद्रच नसता तर मग ती *संथ वाहते कृष्णामाई* सारखी हळुवारपणे फिरत राहिली नसती तर, *तुझी चाल तुरूतुरू म्हणावं* अशी सुसाट गिरकी घेत राहिली असती. खरं तर तशीच ती काही अब्ज वर्षांपूर्वी वागत होती. त्या काळात दिवस नऊ दहा तासांचाच होता. एवढंच कशाला डायनासॉर जेव्हा जगाचे राजे होते त्या कालखंडातही दिवस बावीस तासांचा होता. चंद्रानं आपल्या गुरुत्वाकर्षणाच्या ओढीनं धरतीला लगाम घालत तिला चौखूर उधळण्यापासून रोखलं आहे.

चंद्रानं ही वेसण घातली नसती तर स्वतःभोवतीची एक फेरी संपवून धरती चारसहा तासातच मूळपदावर येत राहिली असती. सूर्य उगवला म्हणता म्हणता मावळायलाही लागला असता. अंथरुणातून उठायचा आळस केला तर सूर्योदयाऐवजी सूर्यास्तच नजरेला पडला असता. आणि दिवस केवळ सहा तासांचा झाल्यामुळे वर्ष झालं असतं हजाराहून जास्त दिवसांचं. आता सहा तासांचा दिवस म्हटलं तरी खरं म्हणजे सूर्यप्रकाश असणारा 'दिवस' तीनच तासांचा होईल. तसं झालं तर मग कामाचे तास किती ठेवायचे? आणि झोपेचे? सगळाच गोंधळ. आणि ग्रहणांचं काय! चंद्र नाही म्हणजे चंद्रग्रहण तर मुळातूनच बाद झालं. पण सूर्यग्रहणही होणार नाही. खग्रास तर नाहीच, पण खंडग्रास नाही, कंकणाकृतीही नाही. डायमंड रिंग पाहण्याची संधीच नाही. कारण सूर्य आणि पृथ्वी यांच्यामध्ये चंद्र आडवा येतो म्हणून सूर्याला ग्रहण लागतं. चंद्रच नसेल तर सूर्यप्रकाशाला कोण रोखून धरणार!

चंद्र आहे म्हणून आजची ही पृथ्वी आहे. तिचं पर्यावरण सजीवसृष्टीला पूरक आहे. तो नसता तर सजीवसृष्टीही धरतीवर अवतरली असती का, एवढी फोफावली असती का, हाही विचार तुमच्या मनात येतोय ना! तेव्हा केवळ कोजागिरीच्या किंवा करवा चौथच्या रात्री पुरतच चंद्राचं कौतुक करून थांबू नका. सतत त्याचे आभार माना.

सावली हरवली तर..!

तुमची साथ कधीच न सोडणारा तुमचा सोबती कोण आहे? एक, आयुष्याचा जोडीदार. दोन, इमानी कुत्रा. तीन, आयकर. आणि चार, सावली. 'कौन बनेगा करोडपती'मध्ये सुरुवातीच्या हजार दोन हजार रूपयांसाठी जे साधे सोपे प्रश्न विचारले जातात त्यापैकी हा एक असू शकतो. याचं उत्तर कदाचित तुम्हाला धक्का देणारं वाटेल. कारण ते आहे पर्याय चार, सावली. ही तुमची नेहमीच पाठराखण करते, साथसंगत कधीच सोडत नाही, असंच आपल्याला सांगितलं जातं. पण ते कितपत खरं आहे? २०२१च्या मुळात सावली म्हणजे काय, ती कशी निर्माण होते आणि ती हरवते म्हणजे तरी नेमकं काय होतं?

सावलीची व्याख्या तशी सोपी आहे. कोणत्याही अपारदर्शक पदार्थाची ती काळसर प्रतिमा असते. आपलं शरीरही अपारदर्शक आहे. म्हणजे सूर्यकिरण, कोणतेही प्रकाशकिरण. त्याच्या आरपार जाऊ शकत नाहीत. ते अडवले जातात. साहजिकच मग आपल्या पाठी आपली काळसर प्रतिमा उमटते. ती आपली शरीररेखा दाखवते. तिचा आकार मात्र प्रकाशकिरण आपल्या अंगावर कोणत्या कोनातून पडताहेत यावर अवलंबून असतो. ज्या दिशेनं प्रकाशकिरण येतात त्याच्या विरुद्ध दिशेला सावली पडते. प्रकाशकिरण समोरून येत असतील तर सावली आपल्या पाठी आणि पाठीमागून येत असतील तर सावली आपल्या पुढेच पडते. तशीच ती आपल्या आजूबाजूलाही पडू शकते.

जेव्हा आपल्या शरीरासारख्या उभ्या पदार्थाच्या नेमक्या डोक्यावरून प्रकाशकिरण येतात तेव्हा सावली आपल्या पायापाशीच घोटाळत राहते. प्रसंगी पावलांच्या आड दडून बसते. ती आपल्याला दिसतच नाही. आणि आपण सावली हरवली असा ओरडा करू लागतो. वर्षभरात दोन दिवस सूर्यमहाराज असे बरोबर आपल्या डोक्यावर येतात. त्यावेळी सावली आपली साथ, काही क्षणांपुरती का होईना, सोडून गेल्याचा अनुभव

मिळतो.

सूर्योदय, आणि सूर्यास्तही, जसा निरनिराळ्या ठिकाणी वेगवेगळ्या वेळी होतो तसाच सूर्य नेमका माथ्यावर येण्याचा दिवसही निरनिराळ्या ठिकाणी निरनिराळा असतो. २१ मे २०२१.

तेव्हा सावली म्हणजे प्रकाशाचा अभाव, असं जरी साधं समीकरण असलं, तरी भौतिक शास्त्रज्ञांचं प्रकाशाचं अध्ययन सावलीपासूनच सुरू होतं. काही सावल्या उपकारक असतात. एखाद्या वटवृक्षाचं छायाछत्र आपल्याला तळपत्या उन्हापासून संरक्षण देतं. उलट आपल्या पुस्तकावर पडलेली कोणाची तरी छाया वाचनानंदात बाधा आणते. आजकाल क्रिकेटचे सामने रात्रीही खेळवले जातात. त्यावेळी वापरल्या जाणाऱ्या या फ्लडलाईटची रचना मैदानावर सावलीचा फारसा उपद्रव होणार नाही अशी करण्याची करामत करावी लागते. पण त्याच मैदानात तो सामना पाहण्यासाठी उपस्थित असलेल्या रसिकांच्या सुखासाठी स्टेडिअमवर आच्छादन घालून त्यांच्या डोक्यावर सावली असेल याची खातरजमा केली जाते. खेळाडूंसाठी सावली हरवणं मदतगार ठरतं पण प्रेक्षकांसाठी तेच क्लेशदायी होतं.

आपल्या शरीराच्या अंधारात डोकावण्यासाठीही आपल्याला छायेची मदतच होते. शरीर जरी आपल्या ओळखीच्या प्रकाशासाठी अपारदर्शक असलं तरी याच प्रकाशाचा भाईबंद असलेल्या क्ष-किरणांना मात्र काही अंशी मोकळीक मिळते. तरीही हाडांसारख्या कठीण अवयवांमधून हे किरण आरपार जाऊ शकत नाहीत. त्यामुळे त्यांची छायाच त्यांच्या वाटेत ठेवलेल्या फिल्मवर पडते. त्यातून मग त्या अवयवांची स्थिती आपल्याला सहज समजून येते. जर हाड मोडलं असेल तर ते स्पष्ट दिसतं आणि मग ते परत सांधण्यासाठीची आवश्यक माहिती त्यांची छायाच देते. याच क्ष-किरणांचा कल्पक आणि संगणकाच्या मदतीनं वापर करत आपण सीटी स्कॅन काढतो. त्यातून मग फुफ्फुसांसारख्या मऊ अवयवांचीही छाया मिळवू शकतो. ही छायाच जर हरवली तर अनेक आजारांविरुद्धच्या लढाईतलं हे प्रमुख शस्त्रच बोथट झाल्यासारखं होईल.

कालमापनासाठीही सावलीचाच वापर केला गेला होता. मध्ययुगात इजिप्त आणि अनेक युरोपीय देशामधल्या गावांमध्ये एक निमुळता उंच स्तंभ मुख्य चौकात उभा केला गेला होता. त्याला 'ओबेलिस्क' म्हणतात. त्या स्तंभाची लांबलचक छाया सूर्योदयाच्या वेळी पश्चिमेकडे पडत असे. जसजसा दिवस वर येत असे तसतशी त्या सावलीची लांबी कमी कमी होत माध्यान्हीला जेव्हा सूर्य थेट डोक्यावर येई तेव्हा ती हरवल्यासारखी होई. सूर्य पुढं कलू लागला, की परत छायेची लांबी वाढत जाऊन सूर्यास्ताच्या वेळी ती कमाल पातळी गाठे. या सावलीच्या लांबीवरून किती काळ लोटला आहे हे मोजलं जाई.

भर माध्यान्हीला जगाच्या निरनिराळ्या ठिकाणी पडणाऱ्या सावलीची लांबी मोजून पृथ्वीच्या आकारमानाचं पहिलं मोजमाप केलं गेलं होतं. तसंच जेव्हा शुक्राचं सूर्यावरून अधिक्रमण होतं, म्हणजेच तो सूर्यबिंबावरून प्रवास करतो त्यावेळीही अशाच प्रकारे जगातल्या निरनिराळ्या ठिकाणाहून त्याच्या सावलीचं अध्ययन करून सूर्यापासूनचं पृथ्वीचं अंतर मोजलं गेलं होतं. सावली कायमची हरवली असती तर हे कसं शक्य झालं असतं!

चंद्रग्रहणाच्या वेळी पृथ्वीची सावली चंद्रावर पडते. तिच्याखाली मग चांदोबा लपून बसतात. उलट सूर्यग्रहणाच्या वेळी चंद्राच्या सावलीत आपण येतो. त्यामुळे भर दिवसा अंधाराचा अनुभव आपल्याला मिळतो. या सावलीच्या काळाचं मोजमाप करूनच चंद्र पृथ्वीपेक्षा लहान असल्याचं आपण ओळखलं होतं. तसंच त्याचं आपल्यापासूनचं अंतरही मोजलं होतं. सावली कायमचीच गडप झाली असती तर ही महत्त्वाची माहिती अशी सहजगत्या आपल्याला मिळाली नसती.

। ३२ ।

सौर वादळ आलं तर

जर जगाच्या एखाद्या भागात एखादं वादळ येणार असेल तर त्या भागात लगबग उडते. वर्तमानपत्रे. रेडिओ, टीव्ही सर्वच प्रसारमाध्यमातून बातम्या दिल्या जातात. हवामानखातं डोळ्यात तेल घालून वादळावर नजर ठेवतं. त्याची बित्तंबातमी काढतं. त्याचा पसारा किती आहे? किती तीव्रता आहे? त्यातील वारे किती वेगानं वाहताहेत? त्या वेगात काही चढउतार होत आहेत काय? त्याचा प्रवास कसा होतो आहे? त्याचा डोळा नेमका कोणत्या भूभागावर रोखलेला आहे आणि ते जमिनीवर केव्हा उतरणार आहे? क्षणाक्षणाला याची माहिती मिळवली जाते. आपत्कालीन संरक्षण यंत्रणा कामाला लागते. ज्या प्रदेशाला त्याचा तडाखा बसणार असतो तिथल्या नागरिकांना सुरक्षित स्थळी हलवलं जातं. गेल्या काही वर्षांमध्ये हवामानखात्याला उपग्रहांची मदत मिळायला लागल्यापासून तर या वादळाचं चित्रही मिळवणं शक्य झालं आहे. तसंच त्याचा मागोवा अधिक अचूकपणे घेता येऊ लागला आहे. त्यामुळे जीवितहानी टाळणं शक्य झालं आहे.

जगातले काही भूभाग अधिक वादळप्रवण आहेत. आपल्याकडेही बंगालच्या उपसागरात दर वर्षी नित्यनेमानं दोन तीन तरी वादळं धुमाकूळ घालत असतात. त्यापायी बांगलादेश आणि आपल्या पूर्व किनाऱ्यावरील राज्यांना त्यांचा उपद्रव होत आला आहे. पण गेल्या काही वर्षांमध्ये त्यांची दुष्ट नजर अरबी समुद्रावरही पडू लागली आहे. कोकणात तर त्यांनी अतोनात नुकसान केलं आहे. नारळीपोफळीच्या, आंबेफणसांच्या बागा उद्ध्वस्त केल्या आहेत. वादळ येऊन निघून गेल्यावरही त्यांनं केलेल्या नुकसानीचं भूत सतावत राहतंच.

२०२२मध्ये महिन्याच्या अखेरीस आणि एप्रिलच्या सुरुवातीला ज्यानं स्वारी केली होती त्या वादळाचा असा गाजावाजा न झालेला पाहून आश्चर्य वाटल्यावाचून राहत नाही. वास्तविक या वादळाचा हल्ला संपूर्ण पृथ्वीवर झाला होता. त्यानं जीवितहानी

अजिबात झाली नाही. मालमत्तेची हानीही काही विशिष्ट वस्तू आणि सेवा यांच्यापुरतीच मर्यादित राहिली होती. त्यामुळेच त्याची फारशी दखल जनमानसानं घेतलेली नसावी. कारण हे वादळ आपल्या ओळखीच्या वाऱ्यांचं नव्हतं. ते होतं सौरवादळ. प्रत्यक्ष सूर्यमहाराजांनी केलेल्या फुत्कारापायी उगवलेलं सौरवादळ.

जर असं सौरवादळ आलं तर काय होईल, याचा विचार करणं अत्यावश्यक असलं तरी निसर्गाचा हा आविष्कार आहे तरी काय, हे समजून घ्यायला हवं. आपला सूर्य नेमेची उगवत असला आणि नेमेची मावळत असला, तरी त्याच्या भवती प्रदक्षिणा घालणाऱ्या धरतीचं आणि त्याचं नातं तसं सतत बदलत असल्यामुळे ऋतूंची निर्मिती होत असली तरी, सूर्यही काही स्वस्थ नसतो. त्याच्या अंतरंगात सतत अणुमीलनाच्या भट्ट्या धडधडत असतात. तापलेल्या वायूच्या या गोळ्यात काही ना काही प्रक्रिया होतच राहतात.आणि त्यांचाच परिणाम अंतराळातील हवामानात प्रतिबिंबित होतो. या बदलत्या अंतराळ हवामानाची गाठभेट धरतीशी होऊन त्याचे परिणाम पृथ्वीलाही भोगावे लागतात.

या सूर्यावरच्या अणुमीलनाच्या भट्ट्या काही वेळा अकस्मात उसळी घेतात. त्यातून मोठ्या प्रमाणावर ऊर्जा बाहेर पडते. ती प्रकाशाच्या तसंच उष्णतेच्या रूपात उत्सर्जित होते. सूर्य एकदम चकाकून उठल्यासारखा होतो. त्यालाच सोलर फ्लेअर्स म्हणतात. सूर्याभोवती जे आभामंडल आहे, त्याचा जो कोरोना आहे, त्यातील काही भाग सूर्यापासून दूरवर फेकला जातो. त्या पायी विद्युतभार धारण करणारे इलेक्ट्रॉन कण उधळले जातात. काही चुंबकीय तरंगही उत्सर्जित होतात. त्यांचा मारा सौरमंडळातील ग्रहांवर होतो. त्याच्या तावडीतून पृथ्वीचीही सुटका होत नाही. दर ताशी तीस लाख किलोमीटर या वेगानं ते धरतीवर आदळतात.

अशा रीतीनं जर सौर वादळ पृथ्वीवर येऊन धडकलं तर धरतीच्या उत्तर ध्रुवप्रदेशात आकाशात जे रंगीबेरंगी प्रकाशाचं मनोहारी नृत्य, नॉर्दर्न लाईट या नावानं आपल्याला पाहायला मिळतं, त्यांच्या भव्यतेत आणि तीव्रतेत वाढ होते. तो प्रकाश झळाळून उठतो. हा काही सौर वादळाचा विध्वंसक परिणाम नसला तरी त्या वादळामुळे आपल्या

दैनंदिन जीवनाचा अविभाज्य भाग बनलेल्या उपग्रहांचं मात्र अतोनात नुकसान होतं. काही लहानमोठे उपग्रह जळूनही जातात. जरी तसं झालं नाही तरी त्यांच्या कामात व्यत्यय येतो. काही उपग्रह कायमचे निकामी होऊन जातात. जे उपग्रह धरतीवरच्या इलेक्ट्रॉनिक संदेशवहनाचं नियंत्रण करतात ते असे मोडून पडले तर हवामानाचा अंदाज व्यक्त करण्याच्या कामात अडथळा येतो. विमानांचं दळणवळण बंद पडू शकतं. आपल्याला दरघडी लागणारी इंटरनेटची सेवाही निदान काही काळापुरती तरी बंद पडते. वीजपुरवठाही खंडित होऊ शकतो.

सूर्यावरच्या अणुभट्ट्यांमध्ये काही वेळा अनपेक्षित स्फोट होतो. त्यापायीच ती अतिरिक्त ऊर्जा उत्सर्जित होते. एकाच वेळी अब्ज अणुबॉम्बचा स्फोट व्हावा इतकी त्या स्फोटाची दाहकता असू शकते. त्याच्याशीच हातमिळवणी करत सूर्याच्या अंतरंगात जो प्लाझ्मा या पदार्थाच्या चौथ्या अवस्थेतला सतत उकळणारा गोळा असतो, त्याचाच काही भाग दूरवर जाऊन धडकतो. त्याचाच काही भाग सौरवादळाच्या रूपात पृथ्वीवर येऊन आदळतो. त्याचेच विध्वंसक परिणाम आपल्याला झपाटतात. या स्फोटांपायी विद्युतभारधारी कणांचा झोत सर्व दिशांनी फेकला जातो. स्वस्थ असणारी हवा जेव्हा एकदम प्रवाही होते तेव्हा आपण त्याला वारा म्हणतो. आणि तोच वारा एकदम खवळून उठतो तेव्हा त्याचं वादळ असं बारसं करतो. त्याच प्रमाणे एरवी स्वस्थ वाटणाऱ्या सूर्यामधून हे विद्युतकण वेगानं वाहायला लागतात तेव्हा त्याला 'सौरवारा' आणि 'सौरवादळ' असं नाव दिलं जातं.

फेब्रुवारी २०११मध्ये आलेल्या सौरवादळामुळे चीनच्या संपूर्ण भागातलं रेडिओ दळणवळण ठप्प झालं होतं. यंदा आलेल्या सौरवादळानं इलॉन मस्क यांनी अब्जावधी डॉलर्स खर्च करून अवकाशात प्रस्थापित केलेल्या तब्बल ४९ उपग्रहांचा खातमा झाला होता. या सौरवादळांचा अभ्यास करण्याच्या वैज्ञानिकांना एक महत्त्वाचा शोध लागला आहे. या सौरवादळांचं एक आवर्तन होतं. दर अकरा वर्षांनी सूर्यावर हे स्फोट होऊन सौरवादळाला जन्म देत असतात. ज्यावेळी त्यांना उधाण येतं त्यावेळी एकेका दिवशी किती तरी सौरवादळं घोंघावत राहतात. इतर वेळी फार फार तर एका आठवड्यात एक, आणि तेही सौम्य, सौरवादळ आपला प्रताप दाखवतं.

सौरवादळांचा उगम कसा होतो, त्यांचं स्वरूप काय आहे, हे जरी आज समजलं असलं तरी, जर सौरवादळ येणार असेल तर त्याची पूर्वसूचना देणारी कोणतीही यंत्रणा अजून तयार झालेली नाही. तसंच जर सौरवादळ झालं तर त्यापायी होणारा विध्वंस टाळणारं, किमानपक्षी त्याची तीव्रता कमी करणारं, तंत्रज्ञान अजूनही विकसित झालेलं नाही. ते होईल तोवर आपण त्याला आपल्या अपुऱ्या सज्जतेनुसारच त्याचा सामना करत राहायला हवं.

 'जर तर'च्या गोष्टी
भाग - १

कृष्णविवरांचं मीलन झालं तर...

कृष्णविवर हा या विश्वातला एक अद्भुत नैसर्गिक आविष्कार आहे. एकमेवाद्वितीय अशी नैसर्गिक घटना. विवर या शब्दामुळे ते एक भोक आहे किंवा अवकाशाला पडलेलं भगदाड आहे, असा समज होण्याची शक्यता आहे. परंतु तसं काही नाही. तर अवकाशात ज्या एके ठिकाणी अतिशय कमी जागेत प्रचंड प्रमाणातलं वस्तुमान दाटीवाटीनं गोळा झालेलं असतं, त्या ठिकाणाला 'कृष्णविवर' हे नाव दिलं गेलेलं आहे. तसं बारसं करण्याचं कारणही आहे. प्रचंड वस्तुमान आणि अतिशय कमी आकारमान यामुळे तिथली घनताही कल्पनातीत असते. परिणामी त्या ठिकाणचं गुरुत्वाकर्षणही इतकं जबरदस्त असतं, की त्याच्या तावडीतून प्रकाशकिरणही सुटू शकत नाहीत. साहजिकच त्याच्यावर पडलेला प्रकाशकिरणही आतल्या आतच शोषला जातो. परावर्तित होऊन आपल्या डोळ्यांपर्यंत किंवा एखाद्या दुर्बिणीच्या भिंगापर्यंत पोहोचू शकत नाही, सगळा काळाकुट्ट अंधार. स्वाभाविकपणे कोणीही विचारेल, की ते कृष्णविवर असं नजरेला पडतच नसेल, तर ते तिथं आहे याचा पुरावा तरी कसा देता येईल. तो तसा म्हटलं तर अप्रत्यक्षपणेच मिळवता येतो.

समजा तुमच्या समोर एक भिंत आहे, आणि त्या पलीकडे तुमचा मित्र लपला आहे. तो तुम्हाला दिसत नाही. पण त्याचा आवाज तुम्हाला ऐकू येतो. त्यावरून मग तुम्ही तुमच्या मित्राच्या उपस्थितीची ग्वाही देऊ शकता. तसाच काहीसा हा प्रकार आहे. कारण ते कृष्णविवर दिसत नसलं तरी त्याच्या प्रचंड गुरुत्वाकर्षणाचा प्रभाव त्याच्या आसमंतातल्या वस्तूंवर पडतोच. त्या ओढीचं मूळ शोधताना तिथं काही दिसत नसलं तरी निश्चितपणे काही तरी अवकाशस्थ गोल आहे, याची खात्री पटते. आता तर त्या विवरात सतत होणाऱ्या उलथापालथीपायी काही क्ष-किरणांची उत्पत्ती होत असल्याचं आढळलं आहे. त्यांचा वेध घेत त्या कृष्णविवराच्या अस्तित्वाचा छडा लावता येतो.

कृष्णविवराचेही तीन वर्ग आहेत. एखाद्या ताऱ्याच्या वस्तुमानाइतकं वस्तुमान

असलेलं स्टेलर मास ब्लॅक होल, मध्यम आकाराचं इंटरमिजिएट ब्लॅक होल आणि महाकाय असं सुपरमॅसिव्ह ब्लॅक होल. स्टेलर ब्लॅक होल म्हणजे इटुकलं. ताऱ्याचा मृत्यू व्हायला लागला, की तो आतल्या आत कोसळायला लागतो. साहजिकच त्याचं आकुंचन होत जातं. त्याचं वस्तुमान कमी आकारमानात कोंबलं जातं. आपल्या सूर्याच्या वस्तुमानाच्या कमाल साठ पट मोठ्या ताऱ्याचं रूपांतर अशा बटू कृष्णविवरात होत असतं. आपण ज्या आकाशगंगेचे सदस्य आहोत त्या मंदाकिनी आकाशगंगेत तब्बल पाच कोटी कृष्णविवरं आहेत असा अंदाज आहे.

ही तशी स्वस्थ बसलेली नसतात. एकाच जागी पडून राहत नाहीत. त्यांची सतत हालचाल होत असते. त्यामुळे दोन कृष्णविवरं जवळ जवळ येत त्यांची टक्कर होऊ शकते. त्यातून मग दोन्हींना थोडी गती मिळून ती एकमेकांपासून जरा दूर ढकलली जाऊ शकतात, किंवा एकत्र येऊन त्यांचं मीलनही होऊ शकतं. असं मीलन झाल्यास त्यातून मध्यम कृष्णविवराचा जन्म होतो, आणि तशी दोन कृष्णविवरं एकमेकांशी भिडलीच तर त्यांच्या मीलनातून महाकाय कृष्णविवर आकार घेतं.

ही कृष्णविवरांची टक्कर म्हणजे भयंकर घटना असते. सुंदोपसुंद एकमेकांना भिडले तर काय होईल याची कल्पना केल्यास काही चुणूक मिळू शकेल. अर्थात या टकरीतून फार मोठ्या प्रमाणात ऊर्जा उत्सर्जित होते. तिचा प्रभाव अवकाशावर पडतो. दूरदूरवर जाणवतो. संथ जलाशयात जर दगड टाकला तर त्या जागच्या पाण्याची खळबळ होत त्यातून तरंग निर्माण होतात. त्या जागी उमटलेल्या वर्तुळांच्या रूपात त्या खळबळीचं दर्शन आपल्याला होतं. पण ते तरंग तिथंच जखडून राहत नाहीत. त्या बिंदूपासून ते सर्व दिशांनी पसरत जातात, दूरदूरवर पोहोचतात. किंवा भूकंप होतो तेव्हा त्याच्या केंद्रबिंदूपासच्या धरतीमध्येही अशा तरंगांचा जन्म होतो. ते तरंगही त्या केंद्रबिंदूपासून दूरदूर पसरत जातात. त्यापायीच केंद्रबिंदूपासून दूर असलेल्या ठिकाणीही भूकंपाचा धक्का जाणवतो. तो कमी तीव्रतेचा असला तरी त्यापासून सुटका होत नाही.

कृष्णविवरांचं मीलन होण्यासाठी ती एकमेकांना जोरानं भिडण्याची, म्हणजेच त्यांची टक्कर होण्याची आवश्यकता असते. त्यातूनच मग अवकाशात लहरी उमटतात. त्यांनाच गुरुत्वाकर्षीय लहरी म्हणतात. त्यांचं भाकीत आइन्स्टाइननं आपल्या सापेक्षतावादाच्या सिद्धांतातून केलं होतं. पण तेव्हापासून त्यांच्या अस्तित्वाचा पुरावा जंग जंग पछाडूनही मिळाला नव्हता. परंतु शंभर वर्षांनंतर, २०१५मध्ये, लायगो नावाच्या एका जागतिक स्तरावरच्या प्रयोगातून या लहरींचा शोध लागला. त्यासाठी अत्याधुनिक आणि सामर्थ्यवान लेझर आणि आरशांचा वापर करून एक अतिसंवेदनशील उपकरण तयार करण्यात आलं होतं. एखादा रबरी चेंडू उत्तर-दक्षिण दिशेनंही दाबला जाऊ शकतो किंवा पूर्व-पश्चिम दिशेनंही. त्याच प्रमाणे या लहरी अवकाशाला दाबतात. त्यांचे जे

परिणाम होतात आणि त्यापायी त्या दिशांनी प्रवास करणाऱ्या लेझर किरणांना एका विवक्षित ठिकाणी पोचायला जो वेळ लागतो त्यात काही फरक पडतो. तो अतिशय अल्प प्रमाणातला फरक मोजण्यासाठी तशाच अतिसंवेदनशील मापकांची गरज भासते. ती पूर्ण करण्यात ही नवी उपकरणं यशस्वी झाली होती. काही अब्ज प्रकाशवर्षं दूर दोन कृष्णविवरं एकमेकांभवती प्रदक्षिणा घालत होती. हळूहळू ती एकमेकांजवळ येत होती. त्यातूनच मग एका क्षणी त्यांची टक्कर झाली. त्यातूनच त्या लहरींचा उगम झाला होता. तिथून प्रकाशाच्या वेगानंच त्या लहरी दूरदूर जाऊ लागल्या. आपल्या धरतीपर्यंत पोचायला त्यांना तितकीच वर्षं लागली. अर्थात तो पल्ला गाठीपर्यंत त्या लहरी क्षीण होत गेल्या, म्हणूनच धरतीचा तो भाग अतिशय कमी प्रमाणात दाबला गेला. आपली उपकरणं कार्यक्षम असल्यामुळेच तो प्रभावही मोजता आला.

एकदा त्या गुरुत्वाकर्षीय लहरी म्हणजे नुसताच सैद्धांतिक आविष्कार न राहता तो एक प्रत्यक्ष घडणारा आविष्कार आहे याची खातरजमा झाल्यावर त्यांच्याविषयी अधिकाधिक विश्वासार्ह माहिती मिळवण्यासाठी महत्त्वाकांक्षी प्रकल्प हाती घेतला जात आहे. त्यासाठी लायगो प्रयोग किमान दोन ठिकाणी करावा लागतो. त्यासाठीची जागाही अतिशय चिकित्सकपणे निर्धारित करावी लागते. अशी एक जागा महाराष्ट्रातच मराठवाड्यात नांदेडजवळ निश्चित केली आहे. त्या प्रयोगशाळेच्या बांधकामाला सुरुवातही झाली आहे. टाटा मूलभूत संशोधन संस्थेची या संपूर्ण प्रयोगात कळीची भूमिका असणार आहे.

तो प्रयोग पार पडला की जर कृष्णविवरांचं मीलन झालं तर त्या सोहळ्याचं अधिक तपशीलवार चित्र आपल्या हाती लागेल, यात शंका नाही.

| ३४ |

परग्रहवासीयांनी संपर्क साधला तर...!

आजपर्यंत मानवासारखे बुद्धिमान सजीव फक्त या धरतीतलावरच आढळलेले आहेत. आपल्या सौरमालिकेतल्या इतर कोणत्याही ग्रहावर सजीव सृष्टी असल्याचा कोणताच पुरावा मिळालेला नाही. एवढंच काय पण विश्वात इतरत्र कुठंही अशी बुद्धिमान सजीवांची प्रजाती असल्यास तिच्याशी संपर्क करण्याच्या उद्देशानं 'सर्च फॉर एक्स्ट्रॉ टेरेस्ट्रियल इंटेलिजन्स' (सेटी) या नावाचा एक प्रकल्प गेली कित्येक वर्ष राबवला जात आहे. 'कोण आहे रे तिकडे!', अशी साद घालत तिला कोणी प्रतिसाद देतो की काय हे बारकाईनं ऐकण्याचा प्रयास केला जात आहे. पण अजून तरी कोणीही उत्तर दिलेलं नाही. त्यामुळे या अफाट विश्वात कुठंही अशी प्रगत प्रजाती असण्याची शक्यता आज तरी दिसत नाही.

तरीही काही जणांनी अजूनही उमेद सोडलेली नाही. आज नाही पण भविष्यात, कदाचित उद्यापरवाही, अशा कोणाचा तरी ठावठिकाणा कळेल अशी आशा ही मंडळी बाळगून आहेत. विज्ञानकथांमध्ये तर परग्रहवासीयांना कळीचं स्थान दिलं गेलं आहे. म्हणूनच असं विचारावंसं वाटतं, की जर परग्रहवासीयांनी आपल्या हाकेला ओ देत आपल्याशी संपर्क साधलाच तर तुमची प्रतिक्रिया काय होईल? तुम्ही नेमकं काय कराल? आपण एखाद्या अनोळखी व्यक्तीची भेट घेणार असलो तर सहसा आपण त्या व्यक्तीला तशी पूर्वसूचना देतो. परग्रहवासीयही हा शिष्टाचार पाळतील का? हा पहिलाच प्रश्न उभा राहील. तशी पूर्वसूचना द्यायची तर 'सेटी' या उपक्रमामध्ये आपण जी विश्वभरात सगळीकडे ऐकू जाईल अशी हाक मारतो आहोत, त्याला प्रतिसाद देऊन त्यांना ते करता येईल. आपण जो संदेश प्रसारित करत आहोत त्यात आपली पृथ्वी आणि तिच्यावर वस्ती करणारा मानवप्राणी यांच्या प्रमुख वैशिष्ट्यांची माहिती दिली जात आहे. त्यावरून आपली ओळख त्यांना सहज पटेल अशी व्यवस्था केली आहे. त्यांची ओळखही आपल्याला सहज होईल असा एखादा संदेश उद्यापरवा

त्या उपक्रमाच्या केंद्राकडे आला, तर तो नेमका परग्रहवासीयांनीच पाठवला आहे की इथल्याच कोणातरी मस्करीवीरानं ती उठाठेव केली आहे, याचा उलगडा करणं आवश्यक होऊन बसेल.

चाळीस पंचेचाळीस वर्षांपूर्वी खगोलशास्त्रज्ञ जेरी एहमान नेहमीप्रमाणे अवकाशाचं निरीक्षण करत असताना त्यांना एक संदेश आला. ते चमकून उठले. खरोखरच तो संदेश होता की काय याची शहानिशा त्यांनी केली. त्यानुसार त्यांची खात्री पटली. तो कोणाकडून आला हे त्यांना कळेना. पण त्यांनी त्या इलेक्ट्रॉनिक संदेशाची मुद्रितप्रत बनवून त्या संदेशाभोवती लाल शाईतलं वर्तुळ काढलं आणि त्यावर 'वॉव' असं लिहिलं. तोच आता 'वॉव संदेश' या नावानं ओळखला जातो. त्या वॉव संदेशानं जगभरातल्या वैज्ञानिकांना बुचकळ्यात टाकलं आहे. कारण तो संदेश 'सेटी'च्या कार्यालयात आला नव्हता. तरीही कदाचित आपल्या नकळत तो येऊन गेला असेल म्हणून त्यांनी त्यांच्या नोंदीची छाननी केली. एवढंच नाही तर परत तो येईल म्हणून कान टवकारून तो ऐकायचा प्रयत्न चालू ठेवला. पण त्यांना यश मिळालं नाही. त्यामुळे अशा एखाद्या परग्रहावरील प्रगत प्रजातीनं आपल्याशी संपर्क साधण्याचा प्रयत्न केला तर त्याची नेमकी आणि खरीखुरी ओळख कशी पटवायची, या प्रश्नानं वैज्ञानिकांना सतावलं आहे. कारण अपोलो-दहा या अंतराळयानातून अवकाशात भ्रमंती करताना जेव्हा ते चंद्राच्या पलीकडच्या, आपल्याला न दिसणाऱ्या, बाजूकडून जात होते तेव्हा त्यांना वेगळंच संगीत ऐकू आलं होतं. त्याची उपपत्ती कशी लावायची, तो असाच परग्रहवासीयांकडून आलेला संदेश होता, की आपल्याच संदेशवहनाच्या यंत्रणेतील बिघाडापायी उत्पन्न झालेली विद्युतलहर होती याचा निवाडा करता आलेला नाही. त्यामुळे हरदासाची कथा मूळपदावर आली आहे. याची उकल करण्यासाठी एक तोडगा सुचवला गेला आहे. जर आपल्याच यंत्रणेच्या विक्षिप्त वागणुकीतून असा रेडिओ संदेश उमटला असेल तर त्याच्या उगमाचं अंतर फार असणार नाही. पण परग्रहावरून असा संदेश आला असेल तर त्याचं उगमस्थान मात्र काही कोटी, अब्ज किलोमीटर अंतरावर असेल. त्याहूनही पलीकडे असण्याचीही शक्यता आहे. तेव्हा हा संदेश किती अंतरावरून आला याची छाननी केल्यास आपण तो निर्विवादपणे परग्रहावरूनच आला असं ठरवू शकू.

आजही पोलिस एखादा संशयित कुठं आहे हे शोधून काढण्यासाठी त्याच्या मोबाईल फोनचं ठिकाण ज्या ट्रँग्युलेशन पद्धतीनं निश्चित करतात, ती यासाठीही उपयोगी पडेल. दोन निरनिराळ्या ठिकाणच्या दुर्बिणींकडून जेव्हा अवकाशातल्या एखाद्या गोलाचं निरीक्षण केलं जातं तेव्हा त्या दुर्बिणी ज्या कोनातून पाहत असतात ते ध्यानी घेऊन तो अवकाशस्थ गोल किती अंतरावर आहे हे ओळखता येतं. दूरदूरवरच्या ताऱ्यांचं अंतर मोजण्यासाठी या पद्धतीचा अवलंब, इतर अनेक पद्धतींबरोबर केला जातो आणि समजा

या साऱ्या धडपडीतून तो संदेश खरोखरच परग्रहावरून आला आहे याची खात्री पटली तर पुढं काय करायचं, हा सवाल फडा काढून उभा आहेच. परग्रहवासीयांनी असा संपर्क साधला तर आपण त्याला कशी दाद द्यायची? आपणही त्यांच्या या 'हॅलो'ला प्रतिसाद म्हणून 'हाय' म्हणायचं की काहीच करायचं नाही! कारण आपण 'हाय' म्हणतो आहोत हे त्यांना समजायला तर हवं. दोन भिन्न भाषिक जेव्हा एकमेकांना भेटतात तेव्हा त्यांच्या संभाषणाला सुरुवातच कधीकधी करता येत नाही. त्यावर साईन लॅन्वेजचा अवलंब करून आपलं म्हणणं त्या व्यक्तीपर्यंत पोचवण्याचा प्रयास आपण करू शकतो. शिवाय साईन लॅन्वेजमध्येही निरनिराळ्या मुद्रांचा अर्थ दोन्ही बाजूंना समजतो. तो सारखाच असतो. पण इथं तर एकमेकांची तोंडही दिसत नसताना अशी एखादी सार्वत्रिक भाषा कुठून सापडायची? म्हणजे पहिले पाढे पंचावन्न!

हा तिढा सोडवण्यासाठी विश्वभरातल्या सर्वांनीच ज्या एखाद्या नैसर्गिक आविष्काराचा अनुभव घेतला आहे त्याची ओळख पटवण्यापासून सुरुवात करता येईल. तारा किंवा आकाशगंगा यासारख्या अवकाशातील निसर्गाच्या आविष्का्रापासून सुरुवात करता येईल. पण ही संकल्पना राबवायची तर आपण ज्यांना तारा म्हणतो किंवा आकाशगंगा म्हणतो त्यांना ते काय म्हणतात, हे सांगता आलं पाहिजे. किंवा त्यांचं प्रतिनिधित्व करणारा आणि संभ्रमात न टाकणारा इलेक्ट्रॉनिक संदेश तयार करायला हवा.

तेव्हा परग्रहवासीय आपल्याशी संपर्क साधताहेत यापायी उल्हसित व्हायला हरकत नाही. पण त्यांनी तशी सूचना दिली तर आपण काय करायचं, कशा प्रकारे सहज आकलन होऊ शकेल असा प्रतिसाद द्यायचा, हे ठरवणं सोपं नाही. इतरही अडचणी आहेत. तरीही आपण लवकरच त्यावर मात करू अशी आशा वैज्ञानिक बाळगून आहेत.

परग्रहवासीयाशी गाठ पडली तर...

आपण कुठंही नव्यानं राहायला गेलो, की आसपास कोणी आपल्यासारखंच आहे की काय हे जाणून घेण्याची उत्सुकता असते. हे कुतूहल जसं व्यक्तींना असतं तसंच ते समष्टीलाही असतं. म्हणून तर आपल्या मानवजातीव्यतिरिक्त या विश्वात आपल्या सारखीच कोणी बुद्धिमान सजीवांची प्रजाती आहे की काय, याचा शोध घ्यावासा मानवजातीला वाटत आला आहे. त्यासाठी 'सर्च फॉर एक्स्ट्राटेरेस्ट्रिअल इंटेलिजन्स' -SETI- सेटी), नावाचा एक आंतरराष्ट्रीय प्रकल्प गेली कित्येक वर्षं चालवला गेला आहे.

आपण जसे शेजारच्या घरी जाऊन 'आहे का कोणी?', अशी हाक मारतो आणि त्याला कोणीतरी प्रतिसाद देईल अशी अपेक्षा ठेवतो त्याच प्रणालीवर हा प्रकल्प आधारित आहे. त्यासाठी आपली, मानवजातीची, समग्र ओळख पटवणारी एक फीत तयार केली गेली आहे. तिच्यात आपली मंदाकिनी ही आकाशगंगा, त्यातली आपली सौरमालिका, त्यातला सूर्यापासूनचा तिसरा ग्रह अशी सुरुवात करत मानवजातीसंबंधी माहिती देणारी त्याच्या डीएनएची एक प्रत अशी सर्वांगीण माहिती त्यात अंतर्भूत आहे. आणि तो संदेश आपण अंतराळात चहुदिशांना पोचेल असा प्रक्षेपित केला आहे. तो ऐकून त्याला जर उत्तर दिलं गेलं, तर ती प्रजाती बुद्धिमान सजीवांचीच असेल, हे रास्तपणे गृहीत धरलं गेलं आहे. कारण जर असे सजीव बुद्धिमान नसतील तर त्यांनी अशा प्रकारे दूर अंतरावरून अंतराळातून आलेल्या हाकेला साद देण्याचं तंत्रज्ञान विकसित कसं केलं असेल, हा प्रश्न उभा राहतोच. आणि अशी आपण मारलेल्या हाकेला ओ आलीच तर ती ऐकण्याची चोख व्यवस्थाही केली गेली आहे. मात्र आजवर असा प्रतिसाद मिळालेला नाही.

तरीही हे विश्व अफाट आहे. त्यामुळे, उच्च कोटीचं तंत्रज्ञान विकसित केलेली एखादी प्रजाती उदयाला येण्याची संभाव्यता लक्षणीय असल्याचंच वैज्ञानिकांचं गणित

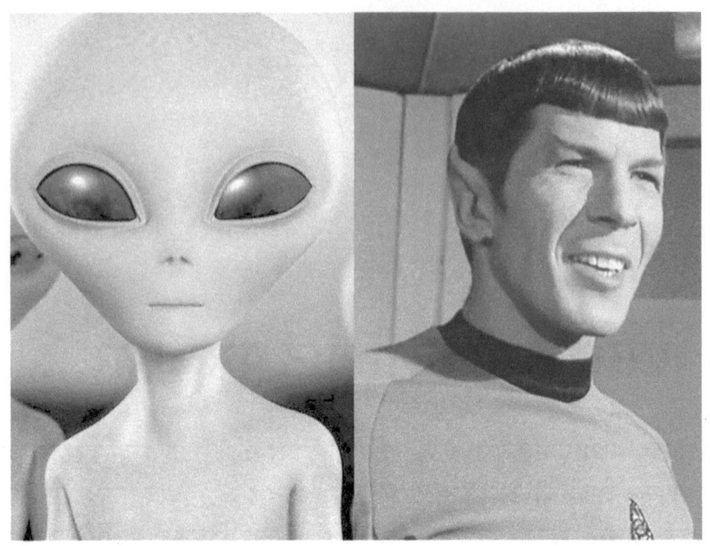

त्यांना सांगत आहे, म्हणूनच तर असे बुद्धिमान परग्रहवासीय असतील ही आशा आपण सोडून दिलेली नाही. तेव्हा समजा असा कोणी सजीव जर तुमच्या भेटीला आलाच, तुमच्यापुढं दत्त म्हणून उभा राहिलाच, तर तो खरोखरीच परग्रहवासीय, 'एलियन', आहे हे आपण कसं ओळखायचं? कारण परग्रहवासीय दिसतो कसा, याची काहीच कल्पना नाही. तो आपल्यासारखाच दिसत असेल तर मग त्याची ओळख पटवणं अधिकच अवघड होऊन बसेल. पण तो जर आपल्यापेक्षा बराच वेगळा असेल, त्याची शरीरयष्टी, चेहरामोहरा वेगळा असेल तर मग ते ओळख पटवण्याचं काम सोपं होईल. म्हणूनच तर तो कसा दिसतो, याची वास्तव कल्पना आपल्याला असायला हवी.

तसं विज्ञानकथाकारांनी, त्या कथांची सजावट करणाऱ्या चित्रकारांनी, चित्रपट निर्मात्यांनी आपापल्या परीनी त्याचं चित्र रंगवण्याचा प्रयत्न केला आहे. स्टीव्हन स्पिलबर्ग यांच्या काही वर्षांपूर्वी गाजलेल्या ईटी या चित्रपटात भलं मोठं डोकं आणि भोकरासारखे बटबटीत डोळे असलेल्या एखाद्या अळीसारखी त्याची प्रतिमा दाखवली गेली होती. त्याचंच अनुकरण मग हृतिक रोशन तसंच आमीर खान यांनी ज्यात भूमिका केल्या होत्या त्या हिंदी चित्रपटांनी केलं होतं. उलट ऐंशीच्या दशकात टेलिव्हिजनच्या प्रेक्षकांना खिळवून ठेवणाऱ्या स्टार ट्रेक या मालिकेतला 'मिस्टर स्पॉक' हा 'व्हल्कन' या ग्रहावरील रहिवासी वरवर आपल्यासारखाच दिसत असला तरी त्याचे ते विचित्र कान आणि एखाद्या अंड्यासारखं निमुळतं होत जाणारं डोकं त्याच्या आणि आपल्यामधला फरकच अधोरेखित करत होते. मंगळावर जीवसृष्टी असल्याचा कोणताच पुरावा मिळालेला नसला, तरी अनेक कथा कादंबऱ्यांमधून मंगळवासीयांचं चित्रण झालेलं

आहे. त्यानुसार ही मंडळी हिरव्या अंगकांतीची आणि डोक्यावर दोन लांबलचक ऑन्टेना धारण करणारी असल्याची भावना होते.

ही चित्रणं कितपत वास्तव आहेत? हे परग्रहवासीय माणसासारखे, तुम्हाआम्हासारखे, दिसण्याची अजिबातच शक्यता नाही काय? या प्रश्नांविषयी वाद प्रतिवाद झडत आहेत. त्यातून दोन परस्परविरोधी मतप्रवाह व्यक्त केले गेले आहेत. ते दोन्हीही असा उत्क्रांत जीव उदयाला येण्याच्या संभाव्यतेवरच आधारित आहेत.

आजमितीला या आपल्या जगात सजीवांच्या पन्नास अब्जांहून अधिक प्रजाती अस्तित्वात आल्या आहेत. काळाच्या ओघात त्यातील बऱ्याचशा आता नष्ट झाल्या आहेत. त्यांचे अवशेषही अस्तंगत झाले आहेत. कित्येक आजही टिकून आहेत. पण या पन्नास अब्जांहून अधिक प्रजातींमधून ज्यांना मेंदू आहे आणि म्हणून ज्यांच्या ठायी बुद्धिमत्ता असण्याची शक्यता आहे, अशांची संख्या काही शेकड्यांमध्येच मोजता येईल. त्यातही प्रगत बुद्धी असलेली एकच प्रजाती, मानवप्राण्याची, निर्माण झाली आहे. त्यामुळे इतर कुठंही जरी जीवसृष्टी उदयाला आली तरी त्यामध्ये उत्क्रांत, बुद्धिमान, तंत्रज्ञान विकसित करून विश्वाच्या इतर भागांचा वेध घेण्याची क्षमता धारण करणारी प्रजाती अस्तित्वात येण्याची शक्यता त्याहून अधिक कशी असेल? त्यामुळे मग जे सूत्र आपल्या सौरमालिकेत उपयोगी पडलं ते निसर्ग कशाला डावलेल? दुसऱ्याच कोणत्या तरी सूत्राचा पाठपुरावा करण्याचा खटाटोप कशाला करेल? अशा विचारातूनच परग्रहवासीय पृथ्वीवरच्या हाडामांसाच्या माणसांसारखेच असतील, असा एक मतप्रवाह आहे.

गंमत म्हणजे याचा प्रतिवाद करणारी मंडळीही नेमका असाच युक्तिवाद करतात. त्यांचं म्हणणं एवढंच आहे, की आपली 'होमो सपायन्स' ही प्रजाती काही सूत्रबद्ध योजना आखून निर्माण झालेली नाही. निसर्ग सतत करत असलेल्या प्रयोगांपैकी एक यशस्वी झाला एवढंच. परंतु प्रत्येक वेळी तसाच प्रयोग यशस्वी व्हायला हवा, असं थोडंच आहे! उत्क्रांतीची शिडी चढण्यासाठी प्रत्येक वेळी तोच एकमेव मार्ग अनुसरायला हवा, असंही नाही. त्यामुळे परग्रहवासीय आपल्यासारखाच दिसण्याची सुतराम शक्यता नाही.

आपल्या मानवी प्रजातीची काही व्यवच्छेदक लक्षणं आहेत. कार्बन आपल्या शरीराचं मूलभूत तत्त्व आहे. कार्बनच्या बुंध्यावर इतर मूलतत्त्वांच्या फांद्या विराजमान झाल्या आहेत. ऑक्सिजनचा प्राणवायू जगण्याला आवश्यक आहे. वाहतं पाणी आपला स्थायीभाव आहे. जगण्यासाठी आवश्यक अशा यच्चयावत जैवरासायनिक क्रिया याच मोजक्या रसायनांच्या आधारानं पार पडत असतात. एका प्रयोगात ही प्रणाली यशस्वी झाली आणि होमो सपायन्सनं आपल्या जगाचा ताबा घेतला. पण याचा

अर्थ यशस्वी होण्यासाठी याच प्रणालीची कास धरली पाहिजे असं नाही. कार्बनच्या अंगी असलेल्या ज्या गुणवैशिष्ट्यापायी शेकडो निरनिराळे रेणू तयार झाले तसे होण्याची शक्यता सिलिकॉनच्या ठायीही आहे. त्या मूलतत्त्वावर आधारित वेगळ्या प्रकारची जीवसृष्टी उदयाला येण्याची संभाव्यता नाकारता येत नाही. ज्यावेळी पृथ्वीवर सजीव सृष्टी उदयाला आली त्यावेळी वातावरणात ऑक्सिजनचा पत्ता नव्हता. किंबहुना त्या सजीवांना ऑक्सिजन विषासमान होता. त्यामुळे ऑक्सिजनची आवश्यकता नसलेली प्रजाती विकसित होणारच नाही, असं म्हणता येत नाही.

मतामतांच्या या गलबल्यात परग्रहवासीय नेमका दिसेल कसा, याचं उत्तर मिळालेलं नाही. उद्या अशा परग्रहवासीयाची कर्मधर्मसंयोगानं गाठ पडलीच तर त्याला ओळखायचा कसा, ही समस्या तशीच भेडसावत राहणार आहे.

विभाग : चौथा

गृहविज्ञान

ॲल्युमिनियम फॉईल मायक्रोवेव्हमध्ये ठेवली तर..!

रेस्टॉरन्टपासून इमारतीपर्यंत यायला लागलेला वेळ, डिलिव्हरी आल्यानंतर वॉचमनला निरोप द्यायला लागलेला वेळ आणि ती वर घरी आणण्यासाठी लागलेला वेळ, सर्व धरून मामला तसा थंडच व्हायला लागला होता. ते अन्न गरम करण्यासाठी मुलीनं ती ॲल्युमिनियम फॉईलमध्ये गुंडाळलेली रोटी तशीच्या तशीच मायक्रोवेव्ह ओव्हनमध्ये ठेवली. आणि ती बटन दाबणार तो ते पाहून तिची आई ओरडली, 'अग थांब थांब. काय करते आहेस? धातूची कोणतीही वस्तू मायक्रोवेव्हमध्ये ठेवायची नसते. विसरलीस!'

मुलीनं घाईघाईनं ती रोटी बाहेर काढली. पण त्याचवेळी तिनं त्या ओव्हनचा आतला भाग चांगला न्याहाळून पाहिला आणि म्हणाली, 'पण का? हा मायक्रोवेव्हचा आतला भाग तर सगळा धातूचाच बनवलेला आहे. स्टील असेल नाहीतर ॲल्युमिनियमच असेल. ते चालतं तर मग ही रोटीभवती गुंडाळलेली फॉईल का चालत नाही? काय होईल जर ॲल्युमिनियम फॉईल मायक्रोवेव्हमध्ये ठेवली तर!'

खरंच काय होईल?

मायक्रोवेव्ह म्हणजे खरं तर आपण पाहतो त्या प्रकाशलहरींचाच भाऊबंद. आपल्या डोळ्यांना केवळ 'तानापिहिनिपाजा' या चौकटीतल्याच प्रकाशलहरी दिसू शकतात. म्हणून तर त्यांना दृश्यप्रकाश म्हणतात. पण त्यांच्या दोन्ही टोकांपलीकडे या लहरींचा संसार पसरलेला असतो. कोणतीही लहर म्हटली, की ती सतत वरखाली होत राहते. म्हणजेच प्रत्येक लहरीला माथा असतो तसाच पायथाही असतो. शेजारशेजारच्या दोन लहरींमधलं अंतर म्हणजे त्या लहरींची तरंगलांबी. ही तरंगलांबी म्हणजेच त्या त्या लहरींचं ओळखपत्र. जांभळ्या प्रकाशलहरींची तरंगलांबी साधारण साडेतीनशे नॅनोमीटर एवढी असते. तर दुसऱ्या टोकाच्या तांबड्या प्रकाशाची सातशे नॅनोमीटर. एक नॅनोमीटर

म्हणजे एका मीटरचा एक अब्जांश भाग.

निळ्याच्या पलीकडे असतात जंबूपार म्हणजे अल्ट्राव्हायोलेट आणि तांबड्याच्या पलीकडे अवरक्त म्हणजेच इन्फ्रारेड. त्याच्याही पलीकडे रेडिओलहरी असतात. आपल्या रेडिओच्या कार्यक्रमांचं प्रक्षेपण याच लहरींचं बोट पकडून केलं जातं. तसंच यांचा वापर संदेशवहनासाठीही होतो. दूरदूरचे तारेही याच लहरी उत्सर्जित करतात. त्या पकडून त्यांच्यासंबंधीची माहिती मिळवता येते.

या रेडिओलहरींचंच दुसरं नाव आहे मायक्रोवेव्ह. यांची तरंगलांबी असते एक सहस्रांश मीटर ते एक दशांश मीटर. म्हणजेच एक मिलिमीटर ते दहा सेंटीमीटर. प्रकाशलहरी जेव्हा कोणत्याही पदार्थावर पडतात तेव्हा एकतर त्या परावर्तित होतात. आल्या दिशेनंच त्यांना माघारी पाठवलं जातं. आरसे हेच करतात. पण आरशाऐवजी नुसतीच काच असेल तर हे प्रकाशकिरण त्यांच्या आरपार जातात. काच पारदर्शक होते. तिसराही एक पर्याय आहे. काही पदार्थांमधून या लहरी आरपारही जात नाहीत की परावर्तितही होत नाहीत. त्या शोषल्या जातात. साधंच उदाहरण द्यायचं तर हिरव्या रंगाच्या वस्तूकडून तानापिहिनिपाजामधला हिरवा रंग सोडल्यास बाकी सर्व लहरी शोषल्या जातात. फक्त हिरव्या रंगाच्याच लहरी परावर्तित होतात. काळी वस्तू सर्वच प्रकाश शोषून घेते. म्हणून तर तिला कोणताही रंग नसतो. युरोपसारख्या थंड प्रदेशात काळ्या रंगाचे कपडे घालतात ते यासाठीच. त्या काळ्या रंगाकडून सर्व लहरी शोषल्या गेल्यामुळे शरीर उबदार राहायला मदत होते. उलट प्रकार वाळुकामय अरबी प्रदेशात, तिथं सारं पांढरंधोप.

मायक्रोवेव्हचेही हेच गुणधर्म आहेत. त्यांचाच उपयोग मायक्रोवेव्ह ओव्हनमध्ये पदार्थ शिजविण्यासाठी केला जातो. पाणी, तुपासारखे स्निग्ध पदार्थ किंवा शर्करामय पदार्थ या लहरी शोषून घेतात. तसं शोषण झाल्यामुळे या पदार्थांचे अणुरेणू चेतवले जातात. ते उंडारू लागतात. धुमशान घालू लागतात. म्हणजेच ते तापतात. गरम होतात. पदार्थ शिजतो.

या उलट प्लास्टिक, काच किंवा चिनी माती या लहरी शोषत नाहीत. त्यामुळे ते गरम होत नाहीत. चिनी मातीच्या कपातला चहा गरम होतो, पण कप त्या मानानं थंडच राहतो. सगळी उष्णता त्या चहालाच मिळते.

पण धातूंचं काय? कारण ओव्हनच्या आतल्या भिंती सगळ्या धातूच्याच बनलेल्या असतात. त्याचं कारण म्हणजे या धातूंचे जाड पत्रे असतील तर ते आरशासारखे या लहरी परतवून लावतात. शोषत नाहीत. जर तुम्ही धातूच्या अशा जाडजूड पत्र्याच्या भांड्यात अन्न ठेवलंत तर ते शिजणार नाही. कारण ते भांडं सगळ्या लहरी परतवून लावेल, त्यांना अन्नापर्यंत पोहचू देणार नाहीत. मग ते अन्न गरमही होणार नाही, तर

शिजण्याचा प्रश्नच नाही.

पण याच धातूचे पातळ पत्रे, तुकडे यांची बाब निराळी आहे. कारण या लहरी त्यांच्यावर पडल्या की त्या तुकड्यांमधून विद्युतप्रवाह वाहू लागतो. तसंच पाहिलं तर त्या भिंतींच्या जाड पत्र्यांमधूनही असा करंट वाहायला लागतो. पण ते तो सहन करू शकतात. छोट्या तुकड्यांमध्ये ती सहनशक्ती नसते. ते त्या विद्युतप्रवाहापायी चटसारी गरम होतात. आणि तेही इतक्या झपाट्यानं की क्षणात ते पेट घेतात. ओव्हनमध्ये आग पसरते. आणि त्यात काही ज्वलनशील वस्तू असेल, कागदाचा तुकडा असेल, तर मग बघायलाच नको. आगडोंबच उसळेल.

ॲल्युमिनियमची फॉईल अशीच पातळ असते. शिवाय तिच्या कडाही धारदार असतात. टोकं अणकुचीदार असतात. त्यांच्यामधून विद्युतप्रवाह वाहू लागला की ठिणग्या उडतात. त्या दुसऱ्या कशावर पडल्या तर त्या गोष्टीही पेटू शकतात. किंवा ती ठिणगी जर त्या ओव्हनच्या इलेक्ट्रॉनिक घटकांवर पडली तर काय अनर्थ होईल सांगता येत नाही.

तेव्हा चमचा, सुरी, ॲल्युमिनियम फॉईल यांना मायक्रोवेव्ह ओव्हनपासून दूरच ठेवलेलं!

केस कापलेच नाही तर..!

जर केस कापलेच नाही तर डोक्यापासून पायापर्यंत ते पोचतील? खरं तर ज्यांना आपण केस म्हणतो तो त्याचा आपल्या कवटीबाहेर दिसणारा भाग असतो. तो मृत अवयव असतो, आपल्या नखांसारखाच. म्हणून तर तो कापताना आपल्याला अजिबात वेदना होत नाहीत. मग त्यांची वाढ कशी होते? त्याचं कारण कवटीच्या आत न दिसणारी त्याची मुळे. ती लहानखुरीच असली तरी त्यांची वाढ होते. तसं होत असताना ते कठीण होत जातात, रंग धारण करतात आणि कवटीच्या बाहेर डोकावतात. केस वाढतात.

ठीक आहे. पण ही मुळांची वाढ सतत होत असतेच ना! म्हणजे मग केसांची लांबीही अशीच अनिर्बंध वाढत जाणार आणि एक दिवस आपल्याच पायात घोटाळणार. घोटाळाच करणार. तर तसं नाही. कारण कोणत्याही एका वेळी या मुळांचा पंधरा ते वीस टक्के भाग सुप्तावस्थेतच राहतो. त्याची वाढ होत नाही. शिवाय डोक्यावरचे केसही सतत झडत असतात. ती एक साधारण प्रक्रियाच आहे. दर दिवशी पन्नास ते शंभर केस असे गळून पडतात. विश्वास बसत नसेल तर केसांतून जरा जोरानं हात फिरवून पाहावे. झडणाऱ्या केसांचा पाऊस दिसेल. किंवा कंगवा फिरवा. गळणारे / तुटणारे केस त्यात अडकून पडलेले दिसतील. स्त्रियांना तर या गळणाऱ्या केसांची धास्तीच वाटते. पण पुरुषांनाही वाटते. टक्कल पडलेलं कोणाला आवडतं!

तरीही काही प्रमाणात वाढ होतच असते. म्हणून तर महिन्या दोन महिन्यांनी आपल्याला सलूनमध्ये जाऊन डोकं तिथल्या कारागिराच्या स्वाधीन करावं लागतं. स्त्रियाही पार्लरमध्ये जाऊन काटछाट करून घेत असतातच. तर ही वाढ होते तरी किती याचं गणित करूया ना. सर्वसाधारणपणे दर महिन्याला सव्वा ते दीड सेंटीमीटर वाढतात. म्हणजे अर्धा इंच. त्यात हे केसही काही अमर नसतात. त्यांचं आयुष्य दोन ते सहा वर्षांचंच असतं. म्हणजे एकदा वाढलेले केस तेवढा काळच टिकतात. नंतर गळून पडतात. आता महिन्याला दीड सेंटीमीटर म्हणजे वर्षभरात किती झाले? करा

गणित, मोडा बोटे. ते झाले अठरा सेंटीमीटर. आणि त्यांचं आयुर्मान पाच वर्षांचं धरलं तर तेवढ्या काळात त्यांची लांबी होईल अठरा पंचे नव्वद सेंटीमीटर. एक मीटर धरून चालू.

खरं तर तेवढीही होणार नाही, असंच कुंतलतज्ज्ञ हॅली बिव्होना सांगताहेत. त्या म्हणतात, की केस असे कापलेच नाहीत तर त्यांची लांबी वाढण्याऐवजी घटण्याचीच शक्यता जास्त आहे. कारण जेव्हा आपण केस कापतो तेव्हा त्यांच्या शेंड्याकडचा भागच कापतो. तो तसाही जर्जर झालेला असतो. कमजोर असतो. त्याचे तुकडे पडायला लागलेले असतात. ते तसेच ठेवले तर मग केवळ शेंडाच नाही तर सगळाच केस कमजोर होऊन जातो. तो अकालीच गळून पडायला लागतो. त्यामुळे मग लांबी कमीच होऊ लागते. नियमित केस कापण्यानं आपण या कमजोर शेंड्यांची छाटणी करत राहतो. उरलेल्या केसांना बळकटी देतो. त्यांची निकोप वाढ व्हायला मदत करतो. ज्यांना केसांची लांबी वाढवायची आहे अशा तरुणींना म्हणूनच तर केस नियमित कापत चला असाच सल्ला त्या देतात.

केस विरळ होणं हाही वाढत्या वयाचा परिणाम असतो. कोणताही तणाव, अयोग्य आहार यांची त्यात भर पडते आणि अधिक संख्येनं केस गळायला लागतात. ते धुण्यासाठी वापरल्या जाणाऱ्या पाण्याचाही प्रभाव पडत असतोच. ते क्षारयुक्त किंवा आम्लयुक्त असेल तर त्यापायीही केसांचं आरोग्य बिघडू शकतं.

केसांचं कपड्यांबरोबर घर्षणही होत असतं. काहींना डोक्यावर गॉगल ठेवून मिरवण्याची हौस असते. त्यांच्या काढण्याघालण्यापायीही काही केस तुटू शकतात. सतत धुळीच्या वातावरणात, उन्हातान्हात वावरावं लागलं तर केस कोरडे होतात. त्यांचा परिणाम मुळांवरही होतो आणि त्यांच्या वाढीला अटकाव होतो. त्यांचा वेग मंदावतो.

आता कोणी म्हणेल हा केसांच्या वाढीचा सरासरी वेग झाला. म्हणजे काहींच्या केसांच्या वाढीचा वेग कमी असेल तसा जास्तही असेल. अशा वेगवान केसधारकांचं काय! त्यांचाही विचार करू. समजा त्यांच्या केसांच्या वाढीचा वेग दीडपट असेल तर त्यांच्या केसांची वाढ होईल दीड मीटर, साडेचार फूट. तेव्हा त्यांची मजल पायापर्यंत जाण्याची शक्यता तशी कमीच. हं, आता कोणी अगदीच बुटबैंगण असेल, देढफुट्या असेल, तर त्याच्या पिंढऱ्या झाकल्या जातील. तरीही त्यांच्या जंजाळात पाय अडकून धडपडण्याची शक्यता तशी नगण्यच. पण अशा काही व्यक्तींची नोंद गिनेस बुक ऑफ वर्ल्ड रेकॉर्डमध्ये झालेली आहे. त्यांच्या केसांची वाढ आपण केलेल्या गणितातल्या कमाल वाढीपेक्षाही जास्त झाल्याचं व्यवस्थित पडताळून नमूद केलं गेलेलं आहे. १९९३मध्ये अमेरिकेतील मॅसॅच्युसेट्समधील डियान विट या महिलेच्या केसांची

लांबी मोजली गेली. ती चक्क बारा फूट आठ इंच भरली. म्हणजे ३८० सेंटीमीटर. आणि आपल्याच माता जगदंबांनी तर यावरही कडी केली होती. १९९४मध्ये या विक्रमवीरांगनेच्या केसांची लांबी होती तब्बल तेरा फूट साडेदहा इंच. म्हणजे ४१८ सेंटीमीटर. त्यांचा हा केससंभार पायात येत नसता तरी एवढं ओझं डोक्यावर बाळगत ठुमकत कसं चालायचं हा प्रश्नच आहे.

पण हे झाले अपवाद. तुमच्याआमच्यासारख्या सर्वसामान्यांची गणना त्यात होऊ शकत नाही. तेव्हा जर केस कापताच आले नाहीत तर तोंड कदाचित लपवावं लागेल, किंवा आपोआपच लपलं जाईल. पण त्याहून फार मोठा अनर्थ होण्याची शक्यता नाही!

बुरशी आलेला पाव खाल्ला तर....!

पावसाळ्याच्या दिवसांमध्ये जेव्हा वातावरण दमट असतं तेव्हा तर बुरशींचं फावतं आणि पाव लवकरच बुरशीग्रस्त होतो. आजकाल ग्राहकांना रासायनिक प्रिजर्वेटिव्ह घालणं आवडत नाही. कोणत्याही रसायनांची, मग ती कितीही हितकारक असोत, भेसळ त्यांना पसंत नसते. अशा वेळी तर पाव रेफ्रिजिरेटरमध्येच ठेवणं आणि जास्त दिवस तो न ठेवता लवकरात लवकर संपवणं हाच योग्य मार्ग आहे.'

ग्यानबा म्हणजे अचाट गडी. त्याच्या विचाराची गाडी कुठून कुठं कधी जाईल सांगता यायचं नाही. नुकतंच त्याच्या शिक्षकांनी त्याला पेनिसिलिन या, जणू जादूची गोळी असल्यासारख्या, औषधाची कुळकथा सांगितली होती. ती सगळीच त्याला व्यवस्थित कळली की नाही हे समजायला मार्ग नाही. पण त्यातला एक कळीचा मुद्दा मात्र त्यानं व्यवस्थित लक्षात ठेवला होता. पेनिसिलिनची निर्मिती एका प्रकारच्या बुरशीपासून होते. झालं! त्याचं डोकं वेगात चालू लागलं. तेच घेऊन तो आला होता.

''आपण आजारी पडल्यावर हे डागदर महागडी पेनिसिलिनची गोळी देतात की नाही?''

''मग बरोबरच आहे त्यांचं. आहेच ते एक खूप गुणकारी औषध.''

''ते खरं, पण ते तयार कशापासून करतात? बुरशीपासूनच ना! म्हणून परवा माझी आई बुरशी आलेला पाव टाकून द्यायला निघाली तेव्हा मी तिला अडवलं. आणि म्हणालो दे इकडे, मी खातो, म्हणजे मग महागडं औषध घ्यायला नको. तर कातावली. म्हणाली जादा शहाणपणा करू नकोस. टाकून दे तो. आणि तिनं माझ्या हातातून तो ओढून घेत कचऱ्याच्या पेटीत टाकूनच दिला. किती नुकसान झालं सांगा पाहू!''

''छे, उलट तिनं तुला होणाऱ्या नुकसानीपासून वाचवलं. बुरशींचे अनेक प्रकार आहेत. त्यापैकी एका चांगल्या बुरशीपासून ते पेनिसिलिन तयार करतात. म्हणून सगळ्याच बुरशींमध्ये ते औषध सापडेल असं नाही.''

बुरशी बांडगुळासारखी वाढते. ज्याच्या जिवावर ती आपला अंमल बसवते त्याच्याकडून स्वतःच्या वाढीसाठी पोषक पदार्थ ती घेते. हे म्हणजे आगंतुकानी घरच बळकावल्यासारखंच झालं. फरक इतकाच, की या आगंतुकाला आपण आमंत्रण देत नाही. त्याला बोलावून घेत नाही. तो घुसखोरासारखा येतो. तसं पाहिलं तर आपण चवीनं खातो त्या अळंब्या म्हणजे मशरूम याही बुरशीच्याच जातकुळीतल्या. अर्थात रानात उगवणाऱ्या सगळ्याच कुत्र्याच्या छत्र्या खाण्यालायक असतात, असं नाही. काही विषारीही असतात. पावसाळ्याच्या सुरुवातीला पेण पनवेलजवळच्या भागातल्या रानात उगवणारी शेवळं ही भाजीही बुरशीच आहे. चीजची लज्जत वाढवण्यासाठी एक प्रकारची बुरशी वापरतात. या चीजवर निळ्या रेषा दिसून येतात. त्यांची चव काही चीजशौकिनांना खूप आवडते. डेन्मार्कमध्ये या चीजचं उत्पादन मोठ्या प्रमाणावर होतं. 'ब्लू व्हेन चीज' या नावानंच ते ओळखलं जातं. पण हे अपवाद. कितीतरी बुरशी विषारी असतात. त्या मायकोटॉक्सिन प्रकारचं गरळ ओकतात. त्यातही ऑफ्लाटॉक्सिन नावाचं एक जहाल विष आहे. ते ॲस्पर्जिलस कुळातल्या काही बुरशींमध्ये तयार होतं.

ते कर्करोगाला कारणीभूत असल्याचं दिसून आलं आहे. क्वचित प्रसंगी ते जीवघेणंही ठरतं. चुकूनही ते खाणं म्हणजे मृत्यूला आमंत्रण देण्यासारखं आहे. जसा देवीरोगाचा आपण नायनाट केला आहे तसाच या ऑफ्लाटॉक्सिनचा करण्याचेही प्रयत्न होत आहेत. परंतु त्यांना अद्याप यश आलेलं नाही. तरीही त्याचं प्रमाण हाताबाहेर गेलेलं नाही. त्यापासून असलेला धोका आटोक्यात ठेवला गेला आहे. पावावर वाढणारी बहुतेक बुरशी हिरव्या रंगाची असते. इतरही अनेक रंगढंग बुरशी दाखवतात. पांढरा, पिवळा, हिरवा, निळा, काळा अगदी 'तानापिहिनिपाजा'चा रंगपटच. त्यामुळे केवळ रंगावरून बुरशीची ओळख पटवणं शक्य नसतं. तेव्हा विषाची परीक्षा न करता असा ज्यावर बुरशीची वाढ झाली आहे असा पदार्थ सरसकट टाकून देणंच योग्य ठरेल.

कित्येक जणांना बुरशीची ॲलर्जी असते. अशा व्यक्तींच्या खाण्यात बुरशीजन्य पदार्थ आल्यास त्यांच्या ठायी ॲलर्जीची लक्षणं दिसू लागतात. नाक फुलून येतं. लालेलाल होतं. श्वासोच्छ्वासाला अडथळा येऊ लागतो. अंगाला खाज सुटते. शरीरभर लाललाल रागीट दिसणारे चट्टे उठतात. ॲलर्जी तीव्र स्वरूपाची असेल तर तिच्या जीवघेण्या ॲनॅफिलॅक्टिक रिॲक्शन या अवताराची बाधा होऊ शकते. अशा वेळी तातडीनं उपाय करण्याची गरज भासते. त्यापेक्षा या बुरशीला चार हात दूर ठेवणंच अधिक सुरक्षित असतं.

वनस्पतींची वाढ जशी बियाणापासून होते तशी बुरशीची वाढ बीजाणूपासून होते. बुरशीपासून निघालेले हे छोटे छोटे कण इतरत्र पसरत जातात. हवेतूनही ते उडून दुसरीकडे जाऊ शकतात. म्हणूनच कोणत्याही पदार्थावरच्या बुरशीचा वास घेण्याचाही प्रयत्न

करू नका, असाच सल्ला डॉक्टर देतात. कारण तो वास घेताना काही बीजाणू शरीरात प्रवेश करू शकतात. तिथं मग बुरशीची वाढ होऊन त्याचा शरीरस्वास्थ्यावर वाईट परिणाम होऊ शकतो. म्हणूनच पावाचं वेष्टण काढून तो उघड्यावर ठेवण्यानं त्याच्यावर बुरशी आपलं बस्तान बसवण्याची शक्यता वाढीस लागते. रेफ्रिजिरेटरमध्येही तो बंद डब्यात ठेवणंच श्रेयस्कर. त्या तापमानात बुरशीची वाढ अजिबातच होत नाही असं नाही. काही बुरशी त्या तापमानावरही मंदगतीनं वाढू शकतात. शिवाय डब्याबाहेर ठेवलेल्या पावावरचे बीजाणू इतर अन्नांमध्ये शिरकाव करू शकतात, त्या पदार्थांना आपले यजमान बनवतात.

काही जणांचा असा होरा असतो, की बुरशीनं पावाचा जेवढा भाग व्यापलेला आहे तो कापून टाकला तर उरलेला पाव खाण्यास हरकत नाही. ही समजूत चुकीची आहे. कारण स्पष्टपणे दिसणारी बुरशी म्हणजे तिचा शेंडा असतो. तिची मुळे आत लपून बसलेली असतात व तिथूनच ती पसरत जातात. त्यामुळे पावाचा जो भाग वरवर मोकळा दिसतो त्यातही बुरशीनं आपलं घर केलं असण्याची शक्यता नाकारता येत नाही. तेव्हा तो सर्वच्या सर्व पाव कचऱ्यात टाकणंच योग्य ठरेल. तसंच पाव टोस्टरमध्ये घालून किंवा तव्यावर भाजल्यानं बुरशीचा नाश होईल ही शक्यताही पूर्णपणे खरी नाही. काही बुरशी तशा राकट असतात. त्या उच्च तापमानातही तगून राहू शकतात.

बहुतेक पाव जास्त दिवस टिकावेत आणि त्यांना बुरशीचा संसर्ग होऊ नये म्हणून त्यांच्यामध्ये काही रासायनिक पदार्थांचा समावेश केला जातो. तरीही उघड्यावर तो चार दिवसांपेक्षा जास्त टिकत नाही. पावसाळ्याच्या दिवसांमध्ये जेव्हा वातावरण दमट असतं तेव्हा तर बुरशींचं फावतं आणि पाव लवकरच बुरशीग्रस्त होतो. आजकाल ग्राहकांना असे रासायनिक प्रिजर्वेटिव्ह घालणं आवडत नाही. कोणत्याही रसायनांची, मग ती कितीही हितकारक असोत, भेसळ त्यांना पसंत नसते. अशा वेळी तर पाव रेफ्रिजिरेटरमध्येच ठेवणं आणि जास्त दिवस तो न ठेवता लवकरात लवकर संपवणं हाच योग्य मार्ग आहे.'

। ३९ ।

दाताखाली मिरची आली तर..!

जेवताना ताटाकडेच लक्ष द्या, असं किती तरी वेळा कानावरून गेलं होतं. मीही इतरांना ते ऐकवत होतो. तरीही त्या दिवशी समोरच्या ताटातले घास मी यांत्रिकपणे तोंडात घालत होतो. लक्ष मात्र होतं समोरच्या टीव्हीवर दाखवल्या जाणाऱ्या क्रिकेटच्या सामन्यावर. सामना अटीतटीचा झाला होता. आपल्याला जिंकायला दहा धावा हव्या होत्या आणि चेंडू होते चार. साहजिकच सारं ध्यान टीव्हीच्या पडद्याकडे लागलं होतं. त्यातच मी गाजराच्या कोशिंबिरीचा घास घेतला आणि पुढच्याच क्षणी घायकुतीला आलो. तोंडात कोणीतरी आगीचा तोबरा भरल्याचा भास झाला. आग्यामोहोळ उठला. चुकून कोशिंबिरीतला मिरचीचा एकमेव आणि छोटासाच तुकडा दाताखाली आला होता. जिभेवर निखारा ठेवल्यासारखं वाटत होतं. ती आग विझवण्यासाठी मी घाईघाईनं पाण्याचा ग्लास तोंडाला लावला. पण त्या ग्लासात पाणी होतं की तेल असंच वाटायला लागलं. आग अधिकच भडकली. सगळीकडेच पसरायला लागली.

असं का व्हावं? जर दाताखाली मिरचीचा तुकडा आला तर तोंडात वणवा पेटल्यासारखं का वाटावं? आणि त्याच्यावर पाणी ओतल्यानंतर तो वाट फुटल्यासारखा इकडेतिकडे का पसरत जावा? हा प्रश्न मलाच पडतो असं नाही. सगळ्यांनाच कधीतरी असा अनुभव येत असतो.

आपल्याला कोणत्याही पदार्थाची चव कळते ती जिभेवर असलेल्या स्वादपीटिकांमुळे. खरं तर गोड, खारट, आंबट आणि कडवट अशा चारच स्वादांना दाद देणाऱ्या पीटिका जिभेवर असल्याचं वैज्ञानिकांनी नमूद केलं आहे. त्यात तिखटाचा कुठंच उल्लेख नाही. पण तो आयुर्वेदात केला गेला आहे. त्या शास्त्रानुसार एकंदरीत सहा चवींना दाद देणाऱ्या स्वादपीटिका आहेत. आणखी दोन चवी म्हणजे, तिखट आणि तुरट.

स्वादपीटिका कशा काम करतात? तर कोणत्याही पदार्थाला ती चव देणाऱ्या

घटकाची मिठी या स्वादपीटिकेमधल्या ग्राहक रेणूंना पडते. त्यातून जो विजेच्या लोळाच्या रूपातला संदेश तयार होतो. तो मज्जातंतूंवरून विहरत विहरत मेंदूमधल्या विशिष्ट केंद्राकडे पोचतो. तिथं त्याची फोड होऊन आपल्याला ती चव कळते.

मिरचीला तिखटपणा देणारा घटक आहे, कॅप्सायसिन नावाचं एक प्रथिन. मिरचीमध्ये जाडसर अशा उभ्या रेषा असतात. त्यांच्यावर आणि काही प्रमाणात मिरचीच्या बियांमध्ये या कॅप्सायसिनची वस्ती असते. जेव्हा मिरची आपल्या खाण्यात येते तेव्हा या कॅप्सायसिनची गाठ त्याला प्रतिसाद देणाऱ्या व्हॅनिलाईड रिसेप्टर नावाच्या ग्राहक रेणूशी पडते. जिभेवर जे श्लेष्मल म्हणजे लाळेनं भरलेलं कवच असतं त्यात तो दडून बसलेला असतो. त्याच्याशी कॅप्सायसिनची गाठ पडली, की त्यातून तयार होणारा विद्युत्स्पंदरूपी संदेश मेंदूच्या केंद्रात पोचतो. तिथं मग ज्या घडामोडी, ज्या काही प्रक्रिया होतात त्या अंगाभवती आग पसरलेली असली तर मिळणाऱ्या संदेशाच्या वाचनाच्या वेळी होणाऱ्या प्रक्रियेसारख्याच असतात. त्यामुळे मग आगआग झाल्याची भावना होते.

हे केवळ मिरची चावल्यामुळेच होतं असं नाही. आपल्या तळहाताच्या मऊसूत त्वचेतही हा व्हॅनिलाईड रिसेप्टर असतो. म्हणून तर मिरची हाताळली तरी हातावरही तसाच आगडोंब उसळल्यासारखं वाटतं. मिरचीचं तिखट बनवणाऱ्या कारखान्यात काम करणाऱ्या कर्मचाऱ्यांच्या हातांचीही अशीच जळजळ होते. मिक्सर येण्यापूर्वी गृहिणी पाटावरवंट्यावर मिरचीचं वाटण करत. त्यांचीही तीच अवस्था होत असे. मिरचीचा तिखटजाळपणा जाणवल्यामुळे खरोखरीच आगीनं वेढल्यासारखं वाटतं. त्यापायीच घाम येतो. घशाला कोरड पडते. पाणी प्यावंसं वाटायला लागतं. पण त्या पाण्यापायी आग विझण्याऐवजी उलट ती अधिकच पसरते. याचं कारण म्हणजे हे कॅप्सायसिन पाण्यात विरघळत नाही. उलट त्याच्याशी फटकून वागतं. त्याच्यापासून दूर दूर जाऊ बघतं. साहजिकच मग आग्यामोहोळ हातपाय पसरायला लागतो. ज्या भागाशी कॅप्सायसिनचा प्रत्यक्ष संपर्क आलेला नसतो तिथंही ती आग जाऊन पोचते.

पाण्यात नसलं तरी स्निग्ध पदार्थांमध्ये कॅप्सायसिन विरघळतं. त्यामुळे पाणी पिण्याऐवजी चमचाभर तूप किंवा लोणी खाण्यानं तिखटाची आग शमते. इकडेतिकडे धावत सुटत नाही. तूप नाहीच हाताशी लागलं तर कोरड्या भाताचा उंडादेखील चालतो. कारण तो कॅप्सायसिनच्या कणांना उचलून घेतो. त्यांचं प्रमाण आणि अर्थातच त्या प्रमाणात त्यांची धग कमी करतो.

वास्तविक आयुर्वेदात तिखट पचनाला मदत करतं असंच म्हटलं आहे. पण ते मर्यादित प्रमाणातच घ्यायला हवं. त्याचा अतिरेक वाईटच. कारण कॅप्सायसिनबरोबर तिखटामध्ये हायड्रोक्लोरिक आम्लही असतं. त्याच्या प्रभावाखालीही जळजळ

होते. हातावर या आम्लाचा इवलासा थेंबही पडला तरी तिथं कोणीतरी जळती काडी टाकल्याचीच भावना होते. शिवाय या आम्लाचा आपल्या जठरातल्या, आतड्यांमधल्या कोमल त्वचेवरही अनिष्ट परिणाम होतो. प्रसंगी ती त्वचा फाटायलाही लागते. अल्सर व्हायला सुरुवात होते.

मिरच्या अनेक प्रकारच्या आहेत. सगळ्याच काही तिखटजाळ नसतात. भोपळी मिरचीची तर आपण भाजी करतो. भजीही करतो. ती खाताना जळजळ होत नाही. काश्मिरी मिरची तर लालभडक असते. ती घातली की रस्साही कसा तांबडालाल होतो. भलताच झणझणीत असेल असं वाटतं. पण तो तसा मिळमिळीतच निघतो. याचं कारण मिरचीमध्ये कॅप्सायसिनचं प्रमाण किती आहे यावर तिचा झणझणीतपणा ठरतो. तो मोजण्यासाठीची एक मोजपट्टी स्कोव्हिल या वैज्ञानिकानं विकसित केली आहे.

त्यानं साखरेचं पाणी घेतलं आणि मग मिरचीची पावडर करून त्यात घातली. ती किती होती हेही मोजलं. नुसतंच साखरेचं पाणी तिखट नसतं. त्यात पावडर मिसळल्यावरच ते तिखट होतं. ते पाणी मग त्यांनी काही स्वयंसेवकांना प्यायला दिलं आणि त्यांना ते कितपत तिखट वाटलं हे पाहिलं. मग त्यात त्यानं पाणी मिसळायला सुरुवात केली आणि किती पाणी घालून ते पातळ केल्यावर मूळपदावर म्हणजे जवळजवळ साखरेच्या पाण्याच्या पातळीवर आलं ते पाहिलं. त्या पातळीवर आणण्यासाठी जितके पट पाणी घालावं लागलं ते त्यातल्या कॅप्सायसिनचं प्रमाण ठरलं.

हीच मोजपट्टी आता आधुनिक स्वरूपात तयार केली गेली आहे. त्यानुसार भोपळी मिरची तिखटाच्या चढत्या भाजणीत अगदीच तळाला आहे. त्यातलं कॅप्सायसिनचं प्रमाण जवळजवळ शून्यच आहे. शुद्ध कॅप्सायसिनला त्याच्या पातळीवर आणण्यासाठी दीडकोटी पट पातळ करावं लागतं. म्हणजे शुद्ध कॅप्सायसिन हे दीड कोटी स्कोव्हिल युनिट एवढं असतं. कोल्हापूरची लवंगी मिरची दोन लाख स्कोव्हिल युनिटची धनी आहे. पण शिखरावर विराजमान झालीय ती तेजपूरची भूत झोलोकिया जातीची मिरची. तिचा तिखटपणा नऊ लाख युनिटचा आहे. कोणत्याही भुताची बाधा होऊ नये यासाठी त्याच्यापासून लांबच राहावं यातच भलं आहे. नाही तर तयार राहा आग्यामोहोळाचा सामना करायला!

दलदलीत पडलात तर..!

अलीकडेच एक बातमी आली होती ती तुमच्या नजरेखालून गेली होती का? धुवांधार कोसळत असलेल्या पावसानं कोकणात प्रलय आल्यासारखा झाला होता. दरडी कोसळल्या होत्या. त्याच्या ढिगाऱ्याखाली कितीतरी जीव गाडले गेले होते. पूर आणि पाऊस ओसरल्यावर जेव्हा मदतकार्य करायला मंडळी उतरली तेव्हा एका वेगळ्याच संकटाचा सामना त्यांना करावा लागला. त्या मातीच्या ढिगाऱ्याचा चिखल झाला होता. त्यात पाऊल ठेवताच ते आणखीच खोलात जात होतं. म्हणजे मदतगारच चिखलात गाडला जायची भीती होती.

चिखल, दलदल, पुळण, खाजण अशीच फसवी असतात. वरवर साधी वाटतात पण त्यांच्या खोलीचा अंदाज येत नाही. पाऊल तिथं ठरतच नाही. समुद्राच्या किनाऱ्यावर तयार झालेली पुळण म्हणजे केवळ ओली वाळूच असल्याचा भास होतो. पण खरं तर तो आत ओढून घेणारा डोह असतो. इंग्रजीत त्यालाच क्विकसँड म्हणतात. तिथं टाकलेलं पाऊल जीवघेणं ठरू शकतं. निदान चित्रपटातली दृश्यं तरी आपली अशीच समजूत करून देतात. वैज्ञानिकांच्या मते मात्र ती अतिशयोक्ती आहे. त्यात पडल्यावर कशाचा आधार सहजासहजी मिळत नाही आणि त्यातून सोडवायला कोणी आलाच तर तोही तसाच आत ओढला जातो, हे खरं. तरीही धीर सोडला नाही तर जीव जाण्याची भीती नाही असंच आश्वासन वैज्ञानिक देत आहेत.

अमेरिकेच्या भूविज्ञान सर्वेक्षण संस्थेतील डेनिस डेमुशेल यांनी या प्रकारच्या भोवऱ्यांचा सखोल अभ्यास केला आहे. ते कसे तयार होतात याचं विवेचनही त्यांनी केलं आहे. त्यासाठी ते समुद्रकिनाऱ्यावर तयार होणाऱ्या पुळणीचं उदाहरण देतात. लाटेच्या टोकाला ओल्या वाळूचा ढिगारा साचतो. चिपळूणमध्ये चिखलाचा साचला होता तसा. वरवर पाहता तो घट्ट असल्यासारखा वाटतो. पण पायाच्या अंगठ्यानं चिवडला तर त्याचे कण स्थिर नसल्याचं आढळून येतं. ते हलतात. इकडेतिकडे

पसरू पाहतात. अंगठा काढून घेतला, की परत जागेवर येऊ पाहतात. तसंच पाहिलं तर कोरड्या वाळूचा ढिगाराही तसा टणक नसतो. त्याचे कणही एका जागी स्थिर राहत नाहीत. त्यातही पाऊल टाकलं तर ते आत जातं. पण फार खोल नाही. त्या मानानं मातीचा ढिगारा अधिक घट्ट असतो. त्यात टाकलेलं पाऊल बुडत नाही. तिथं टाकलेल्या पावलाच्या दाबाला माती विरोध करते. पाऊल वरच्या दिशेनं रेटू पाहते. खरं तर हे आपल्याला चालण्याच्या दृष्टीनं उपयुक्तच ठरतं. वाळू त्या मानानं तेवढा विरोध करत नाही. त्यामुळे वाळूत चालताना आपल्याला विशेष कष्ट घ्यावे लागतात. त्यातही ओल्या वाळूचा ढिगारा असेल तर अधिकच. याचं कारण म्हणजे त्या वाळूच्या दोन कणांमधलं घर्षण कमी झालेलं असतं. घर्षण पर्याप्त असेल तर ते दोन कणांना एकत्र धरून ठेवायला आधारभूत ठरतं. घर्षण कमी झालं की ते कण एकमेकांपासून दूर होऊ शकतात. तशी माती किंवा वाळू एका जागी स्थिर राहत नाही. कणांची अशी अलग होण्याची हालचाल सुरू झाली, की पावलाला करता येणारा विरोध लुळा पडतो. पाऊल अधिक खोलवर जात राहतं.

या कणांच्या खाली असलेलं पाणी दोन कणांच्या मधल्या जागेत झिरपून त्यांच्यामधलं घर्षण कमी करतं. पाण्याचं प्रमाण वाढत जातं तसं घर्षणही किमान पातळीकडे जाऊ लागतं. पाणी आटलं तर चिखलाचा गोळा घट्ट होऊ लागतो. पण जोवर ते पाणी तिथंच आहे तोवर तो गोळा थुलथुलीत राहतो. त्याच्या कणांमधलं घर्षण जवळजवळ नाहीसंच होतं.

अशा या चिखलात किंवा पुळणीत माणूस पडतो तेव्हा नेमकं काय होतं? सर्वसाधारणपणे मानवी शरीराची घनता एक ग्रॅम प्रति मिलिलिटर आहे. थोडक्यात ती पाण्याच्या घनतेपेक्षा अंमळ कमीच आहे. त्यामुळे माणूस पाण्यावर सहजासहजी तरंगू शकतो. त्यानं वेडीवाकडी धडपड करण्याचा प्रयत्न केला नाही तर तो बुडण्याची शक्यता कमीच असते. पण ज्याला पोहता येत नाही अशी व्यक्ती घाबरून जाऊन वेडीवाकडी धडपड करते, त्यापायी नाकातोंडातून आत पाणी जात घनता वाढते, पाण्याच्या घनतेपेक्षा जास्त होते. माणूस बुडायला लागतो. चिखलाची, दलदलीची किंवा पुळणीची घनता तर पाण्याच्या जवळजवळ दुप्पट असते. त्यामुळे अशा दलदलीवर कमी घनतेचा माणूस सहजगत्या तरंगू शकतो. पण त्यासाठी घायकुतीला न येता शांत राहता यायला हवं. हे सांगणं तसं सोपं आहे. पण कृतीत उतरवणं कठीण. कारण ती दलदल किंवा क्विकसँड हा एक सजीव आहे आणि तो आपल्याला खोलवर ओढून नेतो, अशीच सर्वांची समजूत आहे. कथाकादंबऱ्यांमधून आणि चित्रपटांमधून या समजुतीला खतपाणीच घातलं गेलं आहे. त्यामुळे दलदलीत पडल्यावर माणूस जोरजोरानं हातपाय हलवत राहतो, शरीर जास्त घुसळत राहतो. त्याची परिणती त्या

चिखलात खोल खड्डा खणण्यातच होते. त्या खड्ड्यात मग ती व्यक्ती सहज ओढली जाते.

डेमुशेल यांनी प्रत्यक्ष प्रयोग करून दाखवून दिलं आहे, की अशा खाजणात पडल्यावर सुरुवातीला माणसाचं वजनच त्याला बुडवायला जबाबदार ठरतं. वजन जेवढं जास्त तेवढी बुडण्याची शक्यता अधिक. सडपातळ माणसापेक्षा लठ्ठंभारती माणसाला धोका जास्त. त्यातही गंमत म्हणजे जर वाढीव चरबीमुळे वजन वाढलं असेल तर शरीराची घनता कमीच भरते. कारण माणूस अधिक फोफसा असतो. तेव्हा या वजनापायी जेवढं खोलवर जाणं असेल तेवढं जास्तची हालचाल न करता होऊ द्यावं. त्यानंतर त्या चिखलावर पालथं किंवा उताणं पडावं. म्हणजे शरीराचं वजन अधिक क्षेत्रफळावर पसरेल. तसं करण्याऐवजी माणूस त्या दलदलीत अडकलेलं पाऊल काढण्याची धडपड करतो. आपलं वजन दुसऱ्या पायावर ढकलतो. आता तो पाय जड झाल्यामुळे तो अधिक खोल जातो. असं सीसॉ करत राहिल्यामुळे हलवून खुंटा बळकट करावा तसा माणूस अधिकाधिक खोलवर जाऊ लागतो. पण डेमुशेलच्या सांगण्यानुसार पालथं पडल्यावर माणूस जरासा तरंगायला लागतो. अडकलेलं पाऊल थोडंसं निसटतं. त्यानंतर पोहल्यासारखं किंवा रांगल्यासारखं करत दलदलीच्या किनाऱ्याकडे जाण्याचा प्रयत्न करत राहावं. एकदा का तो गाठला की टुणकन उडी मारून तिथून निसटावं. कोरड्या जमिनीवर यावं.

डेमुशेलचं हे सांगणं तर्कसंगत आणि भौतिक विज्ञानाच्या नियमांना धरून आहे यात शंका नाही. पण माणसाच्या शरीरात मन नावाचा कोणत्याही चाचण्यांमध्ये न सापडणारा वेगळाच अवयव आहे. तोच या खाजणात पडलेल्या माणसाच्या शरीराच्या चलनवलनाचं नियंत्रण करतो. तेव्हा डेमुशेलची दीक्षा प्रत्यक्षात कशी राबवायची हा सवाल उरतोच. त्याचंच उत्तर आता मिळवायला हवं.

मिठात आयोडीन नसेल तर...!

रोगप्रतिकारशक्तीसाठी शरीर झिन्कची मागणी करतं, तशीच इतरही अनेक खनिजं गरजेची असतात. ती अल्प प्रमाणात लागतात म्हणून त्यांना मायक्रोन्यूट्रायन्ट म्हणतात. तरीही ती कळीची भूमिका बजावतात. त्यांच्या त्या अल्प प्रमाणात जर खंड पडला तर काही वेळा निरोगी राहणं कठीण होऊन बसतं.

यापैकीच एक खनिज आहे आयोडीन. त्याची गरज पूर्णपणे भागवण्यासाठी ते मिठात अंतर्भूत केलं जातं. तसं करण्याचं एक मुख्य कारण म्हणजे खाद्यपदार्थ कोणताही असो त्याला मिठाशिवाय परिपूर्णता मिळत नाही. त्यामुळे शरीरात हमखास शिरण्यासाठी मिठात जर योग्य प्रमाणात आयोडीन मिसळलं तर मग त्याची गरज पूर्णपणे भागू शकते. मिठात ते नसलं तर मग दुसऱ्या कोणत्या तरी मार्गानं ते आवश्यक त्या प्रमाणात पोटात जाईल याची तजवीज करावी लागेल. त्यामुळे ते मिठातच असलं पाहिजे असं नाही. पण मीठ हे आवश्यक तेवढं आयोडीन शरीराला मिळण्याचा हमखास मार्ग आहे. विनासायास त्याची उपलब्धता निश्चित करणं त्यापायी शक्य होतं.

तरीही एक प्रश्न उरतोच. आयोडीनलाही काय असं सोनं लागून गेलंय, की ते नाही मिळालं म्हणून हाय खावी लागावी? आपल्या गळ्याच्या खाली जो खळगा असतो, त्याच्या आत थायरॉईड ग्रंथी असते. ती काही प्रथिन संप्रेरकांची निर्मिती करून शरीराला पुरवते. ही संप्रेरकं, वैद्यकीय भाषेत त्यांनी 'टी३', 'टी४' अशी नावं आहेत. शरीराची निकोप वाढ करण्यात, इजाग्रस्त पेशींना तंदुरुस्त करण्यात आणि एकंदरीतच चयापचय तालबद्ध ठेवण्यात ही संप्रेरकं कळीची भूमिका बजावतात. या संप्रेरकांना कार्यान्वित करण्याचं काम टीएसएच नावाचं दुसरं एक संप्रेरक करतं. जेव्हा रक्तातल्या टीएसएचची मात्रा वाढते तेव्हा थायरॉईड ग्रंथी संप्रेरकांच्या निर्मितीला सुरुवात करते. पण जर आयोडीनचा योग्य तो पुरवठा झाला नाही तर मग या संप्रेरकांच्या जडणघडणीवर संख्यात्मक आणि गुणात्मकही परिणाम होतात. त्याचा प्रभाव थायरॉईड ग्रंथीवरही

पडून ती सुजू लागते. तीच मग गळ्याखालच्या घळीत उतरून तिथं मोठ्या मोसंबीच्या आकाराचं गळूसारखं उपांग फुटल्याचं दिसतं. त्याला गॉयटर म्हणतात. ते आयोडीनच्या कमतरतेचं एक दृश्य लक्षण आहे. जगातली एक तृतीयांश लोकसंख्या आयोडीनच्या कमतरतेची शिकार झालेली आहे, असं एका सर्वेक्षणातून स्पष्ट झालं आहे.

आयोडीनच्या कमतरतेचा सर्वात जास्त धोका गर्भवती स्त्रियांना असतो. खास करून दक्षिण आशिया म्हणजेच भारतीय उपखंड, आग्नेय आशिया, न्यूझीलंड आणि युरोपियन देशांना आयोडीनच्या कमतरतेची समस्या भेडसावते. कारण तिथल्या मातीत आयोडीन पुरेशा प्रमाणात नसतं. त्यामुळे नैसर्गिकरीत्या त्यांच्या शरीराची आयोडीनची गरज भागत नाही. त्यातही जी मंडळी पूर्ण शाकाहारी, म्हणजे मांसमच्छी किंवा अंडं, दूध वगैरे पदार्थही वर्ज्य मानणारी असतात, त्यांना तर गंभीर धोका असतो. कारण ज्याला सागरी अन्न म्हटलं जातं त्या कोळंबी, तिसऱ्या, कुरल्या, सीवीड वगैरे खाद्यपदार्थांत भरपूर आयोडीन असतं. ते खाणाऱ्यां मग अतिरिक्त आयोडीन घेण्याची आवश्यकता भासत नाही. गर्भधारणेच्या काळात होणाऱ्या बाळाची आयोडीनची गरजही मातेलाच पूर्ण करायची असते. प्रसूतीनंतर नवजात शिशूला स्तनपानातून आयोडीन मिळतं. ते व्यवस्थित मिळालं नाही तर त्याच्या वाढीवर, खास करून बाळाच्या मेंदूच्या वाढीवर अनिष्ट परिणाम होऊ शकतो. त्याचा बुद्धिमत्ता विकास खुंटतो.

काही जणांचं वजन वाढतच जात असतं. संतुलित आहार घेऊन किंवा व्यायाम करूनही ती मंडळी लठ्ठभारतीच राहतात. बेढब होतात. आयोडीनची कमतरता त्याचं कारण हे असू शकतं. काही स्त्रियांना या कमतरतेपायी गर्भधारणा होत नाही. पौगंडावस्थेत ही कमतरता योग्य त्या वाढीला अटकाव करू शकते. तर काही मुलांची आकलनशक्तीही घटलेली असते. त्यापायी ती गतीमंद असल्याची भावना होते.

आपण जे अन्न घेतो त्याचं पचन होऊन त्यातल्या कॅलरीचं रूपांतर शरीरक्रियांना लागणाऱ्या ऊर्जेमध्ये होतं. त्याचं नियंत्रण थायरॉईड ग्रंथी करते. जेव्हा आयोडीनची कमतरता असते त्यावेळी या ऊर्जारूपांतराच्या प्रक्रियेत बाधा येते. अन्नातील कॅलरी रूपांतरित होत नाहीत. त्या चरबीच्या रूपात साठून राहतात. चरबी वाढत गेली की मेद वाढतो. लठ्ठपणा येतो. मिठातून जर आयोडीनचा पुरवठा झाला तर हा बिघडलेला समतोल परत रुळावर आणला जातो आणि मेदवृद्धीला आळा बसतो.

शरीरक्रियांना आवश्यक तितकी ऊर्जा मिळाली नाही, की साहजिकच ते लवकर थकतं. आयोडीनची कमतरता असली की सतत थकवा आणि अशक्तपणा जाणवत राहतो. याचं एक कारण म्हणजे हृदयाच्या 'तबलजीचा' हात थरथरणार नाही यावरही थायरॉईड लक्ष ठेवून असते. जरुरीपेक्षा कमी आयोडीन मिळाल्यास हृदय विलंबित लयीत जातं. उलट जर आयोडीनची मात्रा वाढली तर हृदय एकदम द्रुत लयीत काम करू

लागतं. आयोडीनचा पुरवठा योग्य प्रमाणात मिळण्यानं हृदयही त्याच्यावर सोपविलेली कामगिरी इमानेइतबारे करत राहतं.

थायरॉईड ग्रंथी केसांच्या मुळांनाही बळकटी देण्याचं काम करते. अर्थात त्यासाठी तिला पर्याप्त प्रमाणात आयोडीन मिळायला हवं. ते मिळालं नाही तर केसांची मुळे कमकुवत होतात. केस गळून पडतात. त्वचेला तजेलदार ठेवण्याची जबाबदारीही थायरॉईडची असते. साहजिकच आयोडीनच्या कमतरतेपायी त्वचा कोरडी होऊ लागते. तिला पापुद्रे पडू लागतात. ते सुटून कातडीला भेगाही पडू शकतात. याचं एक कारण म्हणजे घाम कमी येतो.. पण कमी घामापायी त्वचेला आवश्यक तितका ओलावा मिळत नाही.

अन्नातल्या पोषणद्रव्यांचं रूपांतर ऊर्जेत करत असताना थायरॉईड शरीराचं तापमान संतुलित राखण्याचंही काम करते. कारण पुरेशा प्रमाणात उष्णता निर्माण करण्याचं कामही बरोबरीनं होत असतं. पण आयोडीनच्या कमतरतेपायी पुरेशी उष्णता निर्माण होत नाही. त्यामुळे थंडीचा मुकाबला करणं शरीराला अवघड जातं. त्या बाबतीत शरीर काहीसं हळवंच होतं. मुलगी जेव्हा वयात येते त्यावेळी तर आयोडीनची मात्रा व्यवस्थित मिळणं अत्यावश्यक असतं. ती जर मिळाली नाही तर तिची मासिक पाळी अनियमित होऊ शकते किंवा पाळीच्या वेळी जास्तच रक्तस्राव होतो. परिणामी ती अशक्त बनते.

आयोडीन हे अशा तऱ्हेनं अनेक शरीरक्रियांवर मोठा परिणाम करत असतं. वास्तविक ते अल्प प्रमाणातच हवं असतं. पण तेही मिळालं नाही तर काही वेळा कायमच्या दुष्परिणामांना तोंड द्यावं लागतं. मिठातच ते मिसळलं, की आपसूकच शरीराला ते मिळू शकतं.

साखर निगोड असेल तर...!

अरे, हा काय प्रश्न झाला! असं कसं होईल? साखर म्हणजे गोडीचाच पर्यायी शब्द. तेव्हा साखर निगोड कशी निघेल? पण का निघू नये? नावडतीचं मीठ अळणी असतं तर मग अशीच कोणाची साखर निगोड का असू शकत नाही? शिवाय हा तसा कोणाच्या तरी सुपीक मेंदूतून निघालेला प्रश्न नाही. काही पाश्चात्त्य देशात, ऑस्ट्रेलियात गेलेल्या गृहिणींना याचा प्रत्ययही आलेला आहे. इथं घरी असताना ज्या मापानं एखाद्या पदार्थात साखर घालावी त्याच मापानं त्या परदेशात साखर घातल्यावर तो पदार्थ निगोड झाल्याचा अनुभव येतो. यावर कदाचित काही जण म्हणतील, की तिथली साखर ही शुगर बीट या कंदापासून तयार केलेली असेल, आपल्यासारखी उसापासून नाही, आणि त्यामुळे तिची गोडी अंमळ कमी असेल. असेल किंवा नसेल. मूळ प्रश्न जरासा वेगळाच आहे. साखरेत मुळात गोडी येतेच कुठून? आणि ती आपल्याला जाणवते कशी?

कोणत्याही पदार्थाची चव, मग ती गोड असेल, कडू असेल, तिखट असेल आपल्याला जाणवते ती आपल्या जिभेवर असणाऱ्या रुचीपिटिकांमुळे. या पिटिकांशी पदार्थाचा संपर्क झाला की त्याला चव देणाऱ्या रेणूंची त्यांच्याशी गट्टी जमते. त्यातून मग एक संदेश त्या पीटिकांशी जोडलेल्या मज्जातंतूकडून मेंदूकडे पाठवला जातो. तिथं त्या संदेशाचं वाचन होऊन ती चव कोणती आहे हे आपल्याला कळतं.

गोडाची जाणीव करून देणाऱ्या पिटिका किंवा संवेदक जिभेच्या पुढच्या भागातच जास्त असतात. म्हणजे पदार्थ तोंडात घातल्या घातल्या तो गोड आहे की नाही याची चाचपणी केली जाते. तो पासपोर्ट जवळ असला की त्या पदार्थाला बिनबोभाट प्रवेश मिळतो.

आता प्रश्न असा येईल, की मग पदार्थ कमी गोड असला काय किंवा जास्त, सगळ्यांकडेच तसा पासपोर्ट असणार. खरंय. तरीही बघा आपला पासपोर्ट किती शक्तिशाली आहे याचाही विचार केला जात असल्याचं आजकाल वर्तमानपत्रातून

वाचायला मिळतं. म्हणजेच आपला पासपोर्ट आपल्याला व्हिसाशिवाय विनासायास किती देशामध्ये प्रवेश देतो त्यावरून त्याची सशक्तता अजमावली जाते. तसंच मग पदार्थाचा गोडीचा पासपोर्ट किती सशक्त आहे यावर त्या पदार्थाची गोडी ठरते.

त्यामुळेच मग या पासपोर्टचं स्वरूप काय आहे, असा प्रश्न उभा राहतोच. ज्याला आपण सरसकट साखर म्हणतो ती एक किंवा दोन छोट्या छोट्या तुकड्यांच्या साखळीपासून बनलेली असते. काही पदार्थांमध्ये एकच असा घटक असतो. काहींमध्ये दोन तर काहींमध्ये कितीतरी छोटे तुकडे एकमेकांशी जोडून त्यांची गुंतागुंतीची साखळी बनते. या सर्वांचा मूळ छोटा घटक म्हणजे 'ग्लुकोज'. मधुमेह झाला आहे की नाही याची चाचपणी करण्यासाठी रक्तातली जी साखर मोजतात ती या ग्लुकोजचीच बनलेली असते. पण बहुतांश पदार्थांमध्ये या ग्लुकोजच्या जोडीला पाण्याचा रेणूही असतो. आणि या दोन रेणूंचा झिम्मा अनेक वळणं, वेटाळी घेत गुंतागुंतीची रचना करतो. म्हणूनच त्यांना 'कार्बोहायड्रेटस' म्हणतात. मायमराठीत कर्बोदकं असं नाव आता प्रचलित झालं आहे. एकेकाळी यांना पिष्टमय पदार्थ म्हणत. कारण तांदूळ, गहू यासारख्या तृणधान्यांमध्ये जो स्टार्च असतो तो या साखरेचाच अवतार आहे.

अर्थात त्याची गोडी पटकन जाणवत नाही. तुम्ही पाव किंवा चपातीचा घास घेतलात तर तो पाकातल्या पुरीच्या घासासारखा गोड लागत नाही. कारण त्यातलं कर्बोदक हे ग्लुकोजच्या अनेक तुकड्यांच्या गुंतागुंतीची रचना असलेल्या साखळीच्या रूपात असतं. पण तोच घास तुम्ही न गिळता चावत रहा. त्यात तोंडातली लाळ मिसळत त्याचा लगदा होत गेला, की तो एकाएकी गोड लागायला सुरुवात होते. याचं कारण म्हणजे लाळेत विकर नावाच्या ज्या रासायनिक कात्र्या असतात त्या या कर्बोदकाचे तुकडे करत करत त्यातून ग्लुकोज मोकळं करतात. तेच मग जीभेवरच्या संवेदकांना भिडलं की त्याची गोडी जाणवते.

तेव्हा पदार्थाला गोडी मिळते ती मुख्यत्वे ग्लुकोजमुळे. मुख्यत्वे अशासाठी म्हणायचं, की त्याशिवाय दुसराही एक असाच छोटा घटक आहे. 'फ्रुक्टोज'. फळांमध्ये हा जास्त प्रमाणात आढळतो. ग्लुकोज आणि फ्रुक्टोज यांना वैज्ञानिक भाषेत 'मोनोसॅकराईड' म्हटलं जातं. आपण चहात, कॉफीत किंवा लिंबू सरबतात, इतरही अनेक खाद्यपदार्थांमध्ये घालतो ती साखर ग्लुकोजचा एक रेणू आणि फ्रुक्टोजचा एक रेणू यापासून बनलेली असते. त्याला 'सुक्रोज' असंही म्हणतात. ही या दोन रेणूंची माळ असते. म्हणून तिला 'डायसॅकराईड' म्हणतात.

कर्बोदकांमध्ये या दोन रेणूंबरोबर पाण्याचेही रेणू असतात. त्यांच्या त्या साखळीमधल्या या दोन घटकांची संवेदकांशी चटसारी गाठ पडत नाही. तिचे तुकडे होत गेले की सरतेशेवटी ग्लुकोज किंवा फ्रुक्टोज त्यांच्या मूळ स्वरूपात पुढं येतात

आणि गोडीची जाणीव करून देतात. म्हणून तर साखरेचा एक दाणा जेव्हा ग्लुकोज किंवा फ्रुक्टोजचाच बनलेला असतो तेव्हा तो आपल्याला सर्वांत जास्त गोड लागतो. त्यात इतर कशाचीही भेसळ नसते तेव्हाच ती साखर जास्त गोड लागते. एरवी ती अंमळ निगोड लागण्याची शक्यता असते.

अर्थात ही भेसळ जाणूनबुजून केलेली असते असं नाही. आपल्याला साखर मिळते ती मुख्यत्वे उसापासून. चरकात घालून त्याचा रस काढला जातो. त्याला गाळप म्हणतात. त्यात थोडी चुनखडी टाकली जाते. गढूळ पाण्यात तुरटी फिरवली, की त्यातला न विरघळलेला गाळ जसा खाली बसतो तसाच या रसामधला गाळ काढला जातो. तरीही इतर काही न विरघळलेले पदार्थ असतातच. त्यासाठी तो रस बराच उकळला जातो. तो जर उघड्यावर उकळला तर त्यापासून गूळ मिळतो. त्यात अजूनही इतर पदार्थांचा समावेश असल्यामुळेच तो शुद्ध साखरेइतका गोड लागत नाही. साखर तयार करण्यासाठी ज्यातून हवा काढून घेतलेली आहे अशा निर्वात भांड्यात तो रस उकळीला आणतात. निर्वात असल्यामुळे त्या रसातलं पाणी शंभर अंशांपर्यंत पोचायच्या आधीच उकळायला लागतं. तो रस घट्ट व्हायला लागतो. त्यापासून दाट काकवी तयार होते. तिचे खडे व्हायला लागतात. ते बाजूला काढून सुकवले की त्यांच्यापासून ब्राऊन शुगर मिळते. तिच्यात अजूनही यीस्ट, काही जीवाणू, माती, कडब्याची सापटी वगैरे कचरा असतोच. तो काढून टाकण्यासाठी ती परत परत उकळून तिचं शुद्धीकरण केलं जातं. तीच आपल्याला मिळणारी दाणेदार साखर. ती जितकी शुद्ध तितकी तिची गोडी जास्त. जर त्या शुद्धीकरणात काही कमीजास्त झालं तर मग ती साखर निगोडच लागेल यात काय शंका.

साखरेची गोडी मोजायची असेल तर..!

मागच्या लेखात, साखर 'निगोड' असू शकते, हे आपण समजावून घेतलं. तरीही एक प्रश्न उरतोच. साखर काय किंवा कोणताही पदार्थ काय, गोड आहे की निगोड आहे, आणि गोड असल्यास किती गोड आहे, याचा उलगडा तर व्हायला हवा! त्यासाठीचे मापदंड किंवा मोजपट्टी तर विकसित व्हायला हवी! तर ती आहे. मिरचीचा तिखटपणा मोजण्यासाठी जशी 'स्कोव्हिल'ची मोजपट्टी आहे, तशीच गोडाची मोजपट्टीही तुलनात्मकच आहे. भोपळी मिरचीचा तिखटपणा एक धरला तर त्याच्या पटीत इतर मिरच्यांचा तिखटपणा किती असेल, हे ठरवलं जातं. तसंच आपल्या ओळखीची साखर म्हणजे 'सुक्रोज'ची गोडी एक धरली, तर तिच्या पटीत इतर साखरेची गोडी मोजली जाते.

त्यानुसार ग्लुकोजची गोडी त्याच्या जवळजवळ निम्मी असते. दुधात 'लॅक्टोज' नावाची साखर असते. तिची गोडीही अशीच सुक्रोजच्या तुलनेत सत्तर टक्क्यांइतकीच आहे. सुक्रोज 'फ्रुक्टोज'चा एक रेणू आणि ग्लुकोजचा एक रेणू यांच्या जोडीतून तयार होते. ग्लुकोजची गोडी जर सुक्रोजच्या निम्म्यानं असेल तर मग फ्रुक्टोजची गोडी सुक्रोजपेक्षा जास्त असायला हवी. तरच त्या दोन रेणूंची गोडी एक होऊ शकेल. तर तसं आहे. फ्रुक्टोजची गोडी सुक्रोजच्या तुलनेत दीडपटीहून थोडी अधिक आहे.

या झाल्या नैसर्गिक साखरी. मधुमेहानं त्रस्त मंडळींना साखर वर्ज्य असते. म्हणून त्यांच्या तोंडाची गोडीही नाहीशी करणं योग्य नाही. त्यासाठी कृत्रिम साखरेचं उत्पादन केलं जात आहे. काही वर्षांपूर्वी सॅकरिन ही कृत्रिम साखर वापरात होती. तिची गोडी सुक्रोजच्या ३०० पट होती. म्हणजेच एक चमचा साखरेऐवजी तिची चिमूटही चांगली गोडी देऊ शकत होती. पण तिचा वापर केलेल्या पदार्थाला एक कडवटपणाची झालर असल्याचं दिसून आलं. इतरही काही दुष्परिणाम आढळले. त्यामुळे त्याला पर्यायी असणाऱ्या आणि हे दोष टाळणाऱ्या इतर अनेक कृत्रिम साखरी वैज्ञानिकांनी विकसित

केल्या आहेत.

'सायक्लामेट', 'अस्पार्टेम', 'सुक्रेलोज', 'ऑलिटेम' या नावानं या कृत्रिम साखरी ओळखल्या जातात. त्यांची गोडी सुक्रोजच्या तीस ते हजार पट आहे. थोडक्यात त्यांचे काही कणही हवी तितकी गोडी देऊ शकतात. मात्र अलीकडेच वैज्ञानिकांना 'थॉमेटोकॉकस डॅनिएली' नावाच्या वनस्पतीची ओळख पटली आहे. तिच्यातून 'थॉमेटिन' मिळतं. त्याची गोडी सुक्रोजच्या तब्बल तीन हजार पट आहे.

ती साखर नैसर्गिक आहे. शिवाय ते एक प्रथिन आहे. त्यामुळे त्याचं महत्त्व वाढीसच लागतं. तरीही एक मूलभूत सवाल तसाच फडा काढून उभा राहतो. सुक्रोजची गोडी भलेही एक धरली आणि तिच्या तुलनेत इतर नैसर्गिक किंवा कृत्रिम साखरेची गोडी मोजली तरी ती तुलना करण्यासाठी गोडी मोजता तर यायला हवी! या प्रश्नाचं गांभीर्य समोर आलं कारण कृत्रिम साखर उत्पादन करणाऱ्या दोन कंपन्यांची स्पर्धा सुरू झाली; आणि ती कोर्टात गेली. प्रत्येक कंपनीनं 'आपला तो बाब्या...' या धर्तीवर आपलीच साखर अधिक गोड असल्याचा दावा केला. त्याचा निकाल लावायचा तर त्या दोन्हींची गोडी मोजता यायला हवी होती. त्यामुळे वैज्ञानिक कामाला लागले. त्यांनी परत एकदा मिरचीचा तिखटपणा मोजण्यासाठी रचलेल्या स्कोव्हिल मोजपट्टीची नक्कल करायचं ठरवलं. त्यानुसार गोडाची चव जोखण्यासाठी ज्यांची जीभ तल्लख होती अशा तज्ज्ञांचं मंडळ स्थापन करण्यात आलं. चहाची किंवा वाईनची गुणवत्ता ठरवण्यासाठी अशाच तज्ज्ञांची निवड केली जाते. ती मंडळी चहाचा किंवा वाईनचा एक घुटका घेतात, न गिळता तोंडात घोळवतात, चूळ फेकून देतात, तोंड स्वच्छ करून दुसऱ्या वाईनचा घोट घेतात. प्रत्येक वाईनला स्वतंत्ररित्या काही गुण देतात. यांना 'टी टेस्टर' किंवा 'वाईन टेस्टर' म्हणतात. त्यांना मोठा मानही मिळतो आणि मानधनही.

तर अशाच 'स्वीटनेस टेस्टर'चं मंडळ बनवलं गेलं. त्यानंतर एका ग्लासमध्ये पाव लिटर पाणी ओतून ते त्यांना प्यायला दिलं गेलं. पेयजलाला आपण भलेही गोड पाणी म्हणत असलो तरी ते तसं गोड नसतं. त्याला काही चव नसते. आता तेवढ्याच पाण्यात मोजून काही मिलिग्रॅम साखर घातली गेली. तेही पाणी प्यायला दिलं गेलं. अशा तऱ्हेनं पाण्यातलं साखरेचं प्रमाण वाढवत नेलं गेलं. ज्या क्षणी तज्ज्ञांना त्या पाण्याची चव काहीतरी वेगळीच आहे असं वाटलं, त्याची नोंद ठेवली गेली. हे वेगळेपण म्हणजे गोडच असायला हवं असं नाही. तर शुद्ध पाण्यापेक्षा ती चव वेगळी असल्याचं निदान त्यांनी केलं होतं. मंडळापैकी निम्म्याहून अधिक तज्ज्ञांनी जेव्हा हे वेगळेपण जाणवल्याचं सांगितलं तेव्हा ती 'निदान रेषा' असल्याची नोंद केली गेली. ही निदान रेषा गाठण्यासाठी त्या पाण्यात त्या विशिष्ट साखरेचं किती प्रमाण होतं त्यानुसार मग तिची गोडी ठरवली गेली. निदान रेषा गाठण्यासाठी पाण्यात सुक्रोजचं जे प्रमाण होतं

त्याला एक समजलं गेलं. त्याच्या तुलनेत मग इतर साखरेची गोडी निर्धारित केली गेली. यावर कदाचित काहीजण असा आक्षेप घेतील, की ही चाचणी वस्तुनिष्ठ नाही, व्यक्तिनिष्ठ आहे. तो तसा बरोबरही आहे. तरीही कोणत्याही पदार्थाची चव शेवटी आपल्या जिभेवरूनच ठरवली जाते. त्यातही तज्ज्ञांची जीभ जास्त 'तिखट' असते. शिवाय अशा कोणा एकाच्याच निष्कर्षावरून गोडी ठरवली जात नाही. मंडळातल्या बहुसंख्य सदस्यांनी केलेल्या निरीक्षणानंतरच निदान रेषा निश्चित केली जाते. त्यामुळे त्या चाचणीला वस्तुनिष्ठतेची कळा येऊ शकते.

या चाचण्यांमधून नैसर्गिक साखरेची गोडी सगळ्यात कमी आणि कृत्रिम साखरेची तिच्या पटीत कितीतरी अधिक असं चित्र दिसतं. त्यामुळे बचकभर नैसर्गिक साखरेऐवजी चिमूटभर कृत्रिम साखर पुरेशी ठरते. पण तसं केल्यानं शरीरात कमी उष्मांक जातात आणि रक्तात उतरणाऱ्या साखरेचं प्रमाणही मर्यादित राहतं. शरीराला तो जादा भार सहन करावा लागत नाही. तरीही त्यांचा सढळ वापर करणंही घातक ठरतं. शिवाय शिजवल्या जाणाऱ्या पदार्थात त्यांचा वापर करता येत नाही. कारण शिजवण्याच्या कृतीत ज्या रासायनिक प्रक्रिया होतात त्यापायी या पदार्थांचं स्वरूप बदलून जातं. ते काही वेळा अपायकारकही ठरू शकतं.

तरीही या कृत्रिम साखरेच्या उत्पादकांमध्ये जो तंटा उभा राहिला होता त्याचं समाधान करण्याच्या निमित्तानं साखरेची गोडी मोजायची झाली तर काय करायला हवं, याचा उलगडा झाला. हेही नसे थोडके.

ऑक्सिमीटर 'वंशभेदी' असेल तर...!

कोरोनाच्या महासाथीनं अनेक बाबींची पहिल्यांदाच ओळख करून दिली आहे. ऑनलाइन शिक्षण, झूमसारख्या मंचावरून सभेचं आयोजन किंवा कौटुंबिक बैठक, क्वारंटाईन, आरटीपीसीआर टेस्ट आणि आणखी कितीतरी. पल्स ऑक्सिमीटर नावाचं एक यंत्र असतं याची सुतराम कल्पना नव्हती. पण आज तेही सर्वत्र समोर येत आहे. बँकेमध्ये, कोणत्याही सरकारी, खासगी कचेरीत, डॉक्टरांच्या क्लिनिकमध्ये, मॉलमध्ये प्रवेश करायचा तर या ऑक्सिमीटरला नमस्कार केल्याशिवाय पाऊल टाकता येत नाही.

तसं पाहिलं तर इवलासा जीव वाटतो त्याचा. दोरीवर वाळत घातलेले कपडे वाऱ्यानं उडून जाऊ नयेत म्हणून त्याला जो चिमटा लावतो, त्याचाच हा मोठा भाऊ. जरा जाडजूड आणि वजनदार. वरच्या बाजूला मोबाईलच्या स्क्रीनसारखा एक पडदा. तो चिमटा आपल्या तर्जनीवर अडकवायचा आणि त्यावरचं एक बटन दाबायचं. आता त्या पडद्यावर प्रकाशमान होणाऱ्या आकड्यांचा नाच पाहायचा. तो संपल्यावर जर आकडा ९५ किंवा त्याच्याहून अधिक असेल तर रोखून धरलेला श्वास सोडायचा.

काय करतो हा इलेक्ट्रॉनिक चिमटा? तो रक्तपेशींमध्ये असलेल्या ऑक्सिजनचं प्रमाण मोजतो. रक्तपेशी फुप्फुसाकडून मिळालेलं ऑक्सिजनचं गाठोडं शरीराच्या सर्व भागातल्या पेशींना बहाल करतं. त्या रक्तपेशी ऑक्सिजननं समृद्ध झालेल्या आहेत की नाही याचं निदान ऑक्सिमीटर करतो. जर पुरेपूर ऑक्सिजन असेल तर ते प्रमाण शंभर टक्के मानलं जातं. त्याच्या तुलनेत प्रत्यक्षात किती ऑक्सिजन आहे, हेच ते इवलंसं यंत्र दाखवतं. जर ते प्रमाण ९५ टक्क्यांपेक्षा अधिक असेल तर मग तुम्ही स्वस्थ आहात, असं निदान केलं जातं. जर कोरोनासारख्या श्वसनयंत्रणेला त्रासणाऱ्या कोणत्याही व्याधीची लागण झाली असेल, तर ते प्रमाण घटलेलं दिसून येतं. रोगनिदानासाठी उपयुक्त असं ते साधन आहे.

म्हणून तर ते सर्वजनसमभाव राखतं हे गृहीत धरलं जातं. पण अलीकडेच अमेरिका आणि इंग्लंडमध्ये केलेल्या संशोधनावरून ऑक्सिमीटर वंशभेद करतं असं दिसून आलं आहे. गोरी कातडी आणि गव्हाळ किंवा काळी कातडी यांच्यामध्ये ते दुजाभाव दाखवतं. त्यापायीच मग जर तुमची त्वचा गोरी नसेल तर ऑक्सिमीटरचं निदान कितपत अचूक आहे याविषयी शंका घेण्यास जागा राहते, असंच या संशोधनाचं मर्म आहे.

अमेरिकेतल्या मिशिगन विद्यापीठातील मायकेल शोडिंग आणि त्यांच्या सहकाऱ्यांनी न्यू इंग्लंड *जर्नल ऑफ मेडिसिन* या मान्यवर नियतकालिकात एक शोधनिबंध प्रकाशित केला आहे. त्यांनी त्या संशोधनासाठी ७,३४२ गौरवर्णीय आणि १,०५० कृष्णवर्णीय रुग्णांच्या रक्तातील ऑक्सिजनचं प्रमाण दोन वेगवेगळ्या चाचण्या करून मोजलं. एक चाचणी पल्स ऑक्सिमीटर वापरून केली तर दुसरी, रक्तातील वायूचं प्रमाण मोजणारी पारंपरिक चाचणी वापरून केली. पहिली चाचणी केल्यानंतर दहा मिनिटांनीच दुसरी चाचणी केली गेली. त्यामुळे तेवढ्या वेळात रक्तात काही फरक पडण्याची शक्यता नगण्य झाली होती.

त्यांना असं आढळून आलं, की गौरवर्णीय रुग्णांपैकी केवळ साडेतीन टक्के रुग्णांच्या बाबतीत दोन चाचण्यांमध्ये तफावत दिसली. ज्यांचं ऑक्सिजनचं प्रमाण ८८ टक्क्यांहूनही कमी होतं, ऑक्सिमीटर त्यांचं प्रमाण ९५ टक्के निकषापेक्षा जास्त असल्याचं दाखवत होतं. पण कृष्णवर्णीयांच्या बाबतीत ही तफावत तब्बल साडेअकरा टक्क्याहून जास्त होती. थोडक्यात ज्या रुग्णांना उपचारांची आवश्यकता होती, अशांना ते निरोगी असल्याचं प्रमाणपत्र देऊन घरी पाठवण्यात येत होतं. कोरोना रुग्णांच्या बाबतीत अशी ढिलाई जीवघेणी ठरू शकली असती.

इंग्लंडमध्येही मग असंच संशोधन हाती घेतलं गेलं. त्यात रुग्णांचे तीन गट करण्यात आले. गौरवर्णीय, सावळ्या वर्णाचे आणि कृष्णवर्णीय रुग्ण. इथंही ऑक्सिमीटर गौरवर्णीयांना झुकतं माप देत असल्याचं स्पष्ट झालं. त्यांच्या बाबतीतलं निदान अचूक होतं. पण इतर दोन गटांमधल्या व्यक्तींच्या बाबतीत अचूकतेचं प्रमाण लक्षणीयरित्या घटलेलं दिसून आलं.

अमेरिकेतल्या अन्न आणि औषध प्रशासन संस्था 'एफडीए'नं, तर आता पत्रकच काढून याबाबतीत गंभीर इशारा दिला आहे. 'पल्स ऑक्सिमीटरचं निदान चुकण्याची अनेक कारणं असू शकतात याची जाणीव डॉक्टरांनी ठेवायला हवी. त्वचेचा रंग, त्वचेची जाडी, त्वचेचं तापमान, तंबाखूच्या वापरापायी काळवंडलेली त्वचा किंवा नखांना लावलेलं नेलपॉलिश या निदानातली अचूकता घालवू शकतं. त्यामुळे केवळ त्यावर अवलंबून राहू नये', असंच हे पत्रक सांगतं. एखाद्या इमारतीत प्रवेश देताना कराव्या लागणाऱ्या झटपट चाचणीसाठी ते उपयुक्त असलं तरी इस्पितळात दाखल

झालेल्या किंवा कराव्या लागणाऱ्या रुग्णासाठी जागरूकता बाळगावी, असाच सल्ला 'एफडीए'नं दिला आहे. 'वंशभेद', 'रेशियल बायस' असा स्पष्ट शब्दप्रयोग जरी या पत्रकात केला गेला नसला, तरी त्वचेचा रंग निदानाच्या अचूकतेवर परिणाम करतो हे त्यात म्हटलं गेलं आहे.

हा वंशभेद या चिमुकल्या यंत्राकडून का केला जातो, हे समजून घेण्यासाठी त्याचं कामकाज कसं चालतं याची माहिती घेणं अगत्याचं आहे. या यंत्रात एक इलेक्ट्रॉनिक प्रोसेसर आणि दोन एलईडी प्रकारचे दिवे असतात. एक दिवा लाल रंगाचा प्रकाश देतो तर दुसरा अवरक्त म्हणजे इन्फ्रा रेड रंगाचा प्रकाश देतो. हे दोन्ही किरण त्वचेवर आदळून बोटाच्या आरपार जातात आणि चिमट्याच्या पलीकडच्या भागात असलेल्या त्या रंगांचं मोजमाप करणाऱ्या संवेदकाला भिडतात. तो बोटातल्या रक्ताकडून त्या रंगांचं किती शोषण झालं आहे हे मोजतो.

रक्तामध्ये हिमोग्लोबिन असतं. शुद्ध रक्तात ते ऑक्सिजननं समृद्ध असतं. त्याचा रंग लालभडक असतो. ऑक्सिजनचं प्रमाण कमी झालं आहे अशा अशुद्ध रक्ताचा रंग फिकुटलेला असतो. शुद्ध रक्त अवरक्त किरण जास्त प्रमाणात शोषते आणि लाल किरणांना आरपार जाऊ देते. अशुद्ध रक्ताची वागणूक यापेक्षा वेगळी असते. त्याचं विश्लेषण करून रक्तातल्या ऑक्सिजनच्या प्रमाणाचं निदान त्या चिमट्यासारख्या यंत्राकडून केलं जातं.

या प्रक्रियेतल्या पहिल्या पायरीवर किरण त्वचेतून पुढं जातात. पण या यंत्राच्या अचूकतेसाठी घेतल्या गेलेल्या चाचण्या केवळ गौरवर्णीय व्यक्तींवरच घेतल्या गेल्या असल्यामुळे त्वचेचा रंग वेगळा असल्यास त्वचा किती प्रमाणात रंग शोषते याचं सर्वेक्षण केलंच गेलेलं नाही. यापायीच मग त्या यंत्राच्या निदानातल्या अचूकतेत फरक पडतो. यंत्राकडून जाणूनबुजून वंशभेद केला जात नाही. परंतु त्याचं कॅलिब्रेशन करण्यासाठी केलेल्या चाचण्या अपुऱ्या असल्यामुळे हा दोष उद्भवला आहे. उत्पादकांकडून अनवधानानं घडलेल्या या गफलतीचं खापर मात्र त्या बिचाऱ्या यंत्रावर फोडलं जात आहे.

याचा अर्थ ते यंत्र कुचकामी आहे असा मात्र नाही. ते निश्चितच उपयोगी आहे. मात्र त्याच्या निष्कर्षाबाबतीत डॉक्टरांनी तारतम्य बाळगण्याची आवश्यकता या संशोधनानं अधोरेखित केली आहे.

जनुकदोष असेल तर..!

प्रत्येक व्यक्तीला तिच्या आईवडिलांकडून यच्चयावत शारीरिक आणि शरीरक्रियाविषयक गुणधर्मांचा वारसा मिळत असतो. त्याच्या/ तिच्या शरीराच्या प्रत्येक पेशीत असलेल्या जनुकांच्या रूपात तो साठवलेला असतो. आता तर वर्तणुकीचं, स्वभावाचं मूळही जनुकांमध्येच दडलेलं आहे, असा कयास वैज्ञानिकांनी व्यक्त केला आहे. त्याच्या पुष्टीसाठी काही जैवरासायनिक पुरावेही सादर केले आहेत.

संपूर्ण आयुष्याचा आराखडा जरी जनुकांमध्ये रेखांकित केलेला असला तरी ती सर्वच जनुकं एकसाथ कार्यान्वित होतात असं नाही. नवजात बालकापासून वाढ होत पूर्ण वाढीचा पुरुष किंवा स्त्री उदयाला येईपर्यंत निरनिराळी जनुकं निरनिराळ्या वेळी आपलं काम करण्यासाठी सज्ज होतात. तोवर ती सुप्त स्वरूपातच वावरत असतात. एवढंच नाही तर निरनिराळ्या अवयवांचं निसर्गदत्त काम वेगवेगळं असल्यामुळे ते कर्तव्य पार पाडण्यासाठी आवश्यक असलेली जनुकंच कार्यान्वित होतात. इतरांची मुस्कटदाबी करून ती थंडच राहतील याची व्यवस्था केलेली असते. तसंच त्या अवयवाची वाढ मर्यादित ठेवण्यासाठी त्याचं आकारमान पूर्णत्वाला गेल्यानंतर त्याच्याशी निगडित जनुकंही स्वतःला आवरत परत सुप्तावस्थेत जातील याचीही व्यवस्था केलेली असते. जनुकांना कार्यान्वित करणारी किंवा त्यांना आवर घालणारी यंत्रणाही जनुकसंचयातच अस्तित्वात असते.

ही जनुकं जशी सर्वच गुणांची कर्ताधर्ता असतात तसंच काही दोषांचं कारकत्वही त्यांच्याकडे असतं. त्यांना दोष म्हणायचं ते आपणच शरीराच्या काही ठेवणीला चांगलं आणि इतरांना वाईट अशी विशेषणं बहाल केल्यामुळेच. खरं तर ती त्या त्या व्यक्तिची वैशिष्ट्यंच म्हणायला हवीत. एखाद्याची बोटं लांबसडक असतात, दुसऱ्याची त्या मानानं तोटकी असतात. एखाद्याचे कान गालाला चिकटून असतात तर दुसऱ्याचे सुटे असतात. ही लक्षणं त्या त्या जनुकांच्या स्वरूपाची देणगी असतात. त्यांच्यामध्ये

बरं वाईट हे आपण आपल्या सांस्कृतिक आणि पारंपरिक जडणघडणीनुसार ठरवतो. त्यामुळे त्या जनुकांना दूषित म्हणणं रास्त ठरणार नाही.

परंतु काही जनुकं मात्र विविध रोगांना आमंत्रण देणारी असतात. ती त्या व्यक्तीला रोगप्रवण बनवतात. यापैकी फारच थोडी प्रकट होतात. ती सुप्त स्वरूपातच वावरत राहतात. पण काही वेळा ती व्यक्ती आपल्याच बेबंद वागण्यापायी या जनुकांना जागं करतात. दुडक्या चालीनं चालणाऱ्या घोड्याला टाच मारली तर तो जसा चौखूर उधळतो; प्रसंगी स्वाराचं त्याच्यावरचं नियंत्रणही सुटतं, तशीच ही परिस्थिती असते. अशा अपकृतीपायी एकदा का या जनुकांवरचं कुलूप उघडलं गेलं, की मग ती आपलं काम पार पाडत त्या व्याधीनं व्यक्तीला ग्रस्त करतात. त्यांना जनुकदोष म्हणणं तेवढंसं सयुक्तिक होणार नाही. त्यांना रोगप्रवर्तक जनुकं म्हणणं अधिक रास्त होईल.

कोणत्याही एका जनुकाचे निरनिराळे अवतार असतात. म्हणजे डोळ्यांचा रंग निर्धारित करणारं जनुक असेल तर त्याचा काळा, निळा, घारा, तपकिरी असे निरनिराळे अवतार असू शकतात. जनुकांमध्ये असणाऱ्या या वैविध्याचा परिणाम आरोग्यावर वेगवेगळ्या प्रकारे होत असतो. रोगप्रवर्तक जनुकंही याला अपवाद नाहीत. त्यातील काही अवतार अनिष्ट नसतातही. पण अनिष्ट असलेले अवतारही रोगाची लागण होण्यास थेट कारणीभूत नसतात. परंतु ते त्या रोगाची लागण होण्याची शक्यता वाढवतात. जर परिस्थिती त्यांना सुप्तावस्थेतून जागं करत कार्यान्वित करण्यास अनुकूल असेल तरच ते आपला प्रभाव दाखवतात.

'बीआरसीए १' आणि 'बीआरसीए २' या दोन जनुकांचे काही अवतार, यांनाच म्युटेशन म्हणतात, स्तनांचा आणि बीजाशयाचा कर्करोग होण्याची शक्यता वाढवतात. ते अवतार जर एखाद्या स्त्रीच्या जनुकसंचयात हजर असतील तर त्या स्त्रीला हे कर्करोग होण्याचा धोका असतो. 'बीआरडीए' या नावानं ओळखलं जाणाऱ्या दुसऱ्या एका जनुकाचे काही अवतारही याच मार्गानं चालतात. मात्र ते कमी धोकादायक आहेत.

आता मानवी जनुकसंचयाचं संपूर्ण वाचन करणं शक्य झालं आहे. एका अर्थी या जनुकीय कुंडलीचा संपूर्ण आराखडा ओळखणं वैज्ञानिकांना शक्य झालं आहे. त्यामुळे एखाद्या समाजात अशा प्रकारच्या धोकादायक जनुकीय अवतारांचं प्रमाण किती आहे याचा छडा लावता येतो. त्यानुसार मग त्या समाजाचं आरोग्य अबाधित राखण्यासाठी पूर्वलक्षी प्रभावानं उपाययोजना करता येते.

काही वेळा जन्माच्या वेळी जेव्हा पिता आणि माता यांच्या जनुकांची सरमिसळ होत त्यांच्या पोटी येणाऱ्या अपत्याचा जनुकसंचय तयार होतो त्यावेळी काही जनुकांमध्ये अशी म्युटेशन होतात. त्यामुळे दोघे मातापिता निरोगी असले, धोकादायक जनुकीय अवतारांचा ते धनी नसले तरी अपत्यात मात्र तो धोकादायक अवतार उतरू शकतो.

व्हिक्टोरिया राणीच्या जनुकांमध्ये अशाच प्रकारे रक्तगळीस कारणीभूत ठरणारा जनुकदोष उपटला होता. त्याचा प्रसार मग तिच्या वंशावळीत झाला. तिच्या एका मुलाचा तर त्यानं बळी घेतला. पण दोन मुलीही त्या जनुकाच्या वाहक ठरून त्याचा युरोपातील इतर राजघराण्यांत प्रसार झाला.

मूल जन्मल्यानंतर त्याच्या जनुकसंचयाचं वाचन करून भावी आयुष्यात त्याला उच्च रक्तदाब, मधुमेह, हृदयविकार यासारख्या व्याधींचा सामना करावा लागण्याची शक्यता किती आहे याचा अंदाज घेता येतो. त्याचा गैरवापर होण्याची शक्यता काही समाजशास्त्रज्ञांनी व्यक्त केली आहे. नवी नोकरी देताना बहुतांश त्या व्यक्तीची वैद्यकीय चाचणीही केली जाते. त्यात आता जनुकसंचयाच्या वाचनाचा समावेश करून एखाद्या कर्मचाऱ्याला अशा किंवा काही मानसिक व्याधींचा उपद्रव होण्याची शक्यता किती आहे, याचा धांडोळा घेऊन त्याला ती नोकरी नाकारली जाऊ लागली तर? किंवा विमा कंपन्यांनी अशा प्रकारच्या माहितीचा उपयोग प्रिमियमची रक्कम वाढवण्यासाठी किंवा विमा नाकारण्यासाठी केला तर? असा भेदभाव करणं अन्यायकारक नाही का होणार, असा सवाल समाजशास्त्रज्ञांनी केला आहे. तो विचारात घेण्यासारखा आहे.

अर्थात असा जनुकीय दोष उपस्थित असला म्हणजे त्यापायी त्या रोगाची बाधा होईलच, असं ठामपणे सांगता येत नाही. केवळ तसं होण्याची शक्यता असल्याचंच निदान केलं जाऊ शकतं. ती शक्यता नेमकी किती आहे, हेही निश्चितपणे ठरवता येत नाही. किंवा ते जनुक नेमकं केव्हा जागृत होणार आहे याचाही अंदाज बांधता येत नाही. असं जनुक आयुष्यभरात सुप्तावस्थेतच राहिल्याची, जागृत न झाल्याची उदाहरणंही काही कमी नाहीत.

तेव्हा असा जनुकीय दोष असेल तर सावध राहण्याचा पवित्रा घेतला; ते जागृत व्हायला कारणीभूत ठरणारी जीवनशैली नाकारली, तर मग त्याचा बाऊ करण्याचं कारण उरत नाही. तसंच जरी ते जागृत होऊन त्या व्याधीचा उपसर्ग झाला तरी वेळीच उपचार करून त्या रोगापासून बचावही करता येतो. तेव्हा जनुकीय दोष आहे म्हणून हवालदिल होण्याचं कारण नाही. ती केवळ धोक्याची घंटा आहे आणि वेळीच ती वाजली आहे, हे ध्यानात घ्यायला हवं.

। ४६ ।

कागदाची बचत करायची असेल तर...

कार्बनच्या पदचिन्हांमध्ये घट आणून या शतकाच्या मध्यापर्यंत त्याचं प्रमाण जवळजवळ शून्यावर आणण्याचं धोरण जगातल्या सर्वच राष्ट्रांनी आखल्याची घोषणा केली गेली आहे. हवामान बदलापायी जो काही घातक परिणाम होण्याचा अंदाज व्यक्त केला गेला आहे तो प्रत्यक्षात अवतरणार नाही, यासाठी कार्बनच्या वापरावर जास्तत जास्त बंधन घालण्याचे हे सर्व प्रयत्न आहेत. हवेतील कार्बन-डाय-ऑक्साइडचं प्रमाण जसं कमी करण्याचा प्रयास करावयाचा आहे, तसंच कार्बनचं जे काही उत्सर्जन अनिवार्य आहे त्याचाही निचरा करण्याचे उपाय योजण्याचीही आवश्यकता आहे. या प्रक्रियेत वृक्षांचा फार मोठा सहभाग असतो. आजही झाडे मोठ्या प्रमाणात वातावरणातला हा वायू शोषून घेत प्रकाशसंश्लेषणाच्या, फोटोसिन्थेसिसच्या, प्रक्रियेतून स्वतःचं अन्न तर तयार करतातच. पण त्या प्रक्रियेतून टाकाऊ पदार्थ म्हणून प्राणवायू अवकाशात सोडून देतात. म्हणूनच जगावरच्या हरित क्षेत्रात वाढ करण्याचे, किमान पक्षी त्याच्यात घट होणार नाही याची काळजी घेणंही आत्यंतिक गरजेचं बनलं आहे.

झाडांची कत्तल करणं टाळण्याची गरज असताना काही उपभोग्य मालासाठी तसं न करण्यानं काही उत्पादनांसाठी आवश्यक असलेला कच्चा माल न मिळण्याचा धोकाही उद्भवत आहे. याचं ढळढळीत उदाहरण म्हणजे आपण नित्यनेमानं आणि प्रचंड प्रमाणात वापरत असलेला कागद. लेखनासाठी, दस्तावेजासाठी, मुद्रित प्रकाशनासाठी कागदाचा वापर अनिवार्य आहे. तरीही आपण त्याचा वापर काहीसा बेगुमानपणे करत आलो आहोत. कित्येकांना, अगदी लेखक, कवींनाही, कागदावर मोजकी अक्षरंच उमटवून ती पसंत न पडल्यानं तिचा चोळामोळा करून ते बोळे तसेच फेकून देण्याची सवय असते. त्याशिवाय जिकडेतिकडे तुमच्या आधारकार्ड, पॅनकार्ड वगैरेंच्या फोटो प्रतींची मागणी केली जाते. त्या प्रतींचा वापर तसं पाहिलं तर अल्प काळासाठीच केला जातो, आणि नंतर त्याची रद्दी बनते. या अशा वाया गेलेल्या कागदाचा पुनर्वापर

काही प्रमाणात होतो, नाही असं नाही. पण त्याचं प्रमाणही कितीतरी कमीच आहे. ही नासधूस टाळून कागदाचा पुनर्वापर का करता येणार नाही? कागदाचा वापर न टाळता त्याची बचत का करू नये? असा विचार सिंगापूरच्या नान्यांग टेक्नॉलॉजिकल युनिव्हर्सिटीमधील प्रा. शुभ्रा सुरेश यांनी केला.

आमच्या लहानपणी, म्हणजे सत्तर ऐंशीवर्षांपूर्वी प्राथमिक शाळेमध्ये वहीपेन्सिल वापरली जात नव्हती. शाईच्या लेखणीचाही वापर होत नव्हता. सारा व्यवहार दगडाच्या धूळपाटीवरच केला जात होता. लेखणी म्हणूनही दगडाच्या कांडीलाच कामाला लावलं जात होतं. थोडक्यात एकदा लिहिलेला मजकूर पुसून टाकून त्याच पाटीवर नव्यानं लेखन केलं जात होतं. तीच प्रक्रिया कागदाबाबत करण्याचा मनसुबा प्रा. सुरेश यांनी बाळगला. शाईनं कागदावर उमटवलेला मजकूर पुसून टाकून त्या कागदाला नव्यानं कामाला उभं करण्याची योजना आखली.

त्यासाठी अर्थात वेगळ्याच प्रकारच्या कागदाचं उत्पादन करणं गरजेचं होतं. सामान्यपणे कागदनिर्मितीसाठी झाडांची कत्तल करून त्याचा लगदा बनवला जातो आणि त्यावर प्रक्रिया करून निरनिराळ्या गुणधर्मांचे कागद तयार केले जातात. सुरेश यांनी त्यासाठी परागकणांचा वापर केला आहे. परागकण मिळवण्यासाठी झाडाचा जीव घेण्याची काही एक गरज नसते. वाऱ्याच्या मदतीनं वृक्ष परागकण आसमंतात उधळून देतात. त्यातले काही इतर झाडांवर उतरतात. त्यांचं फलन होतं. इतर काही पक्षी, कीटक यांच्याकडून दुसऱ्या झाडांकडे पोचवले जातात. तरीही काही परागकण हवेतच तरंगत राहतात किंवा जमिनीवर त्यांचा सडा पडतो. हेच परागकण मिळवून त्यांच्यावर प्रक्रिया करून त्यातून मिळणाऱ्या लगद्यापासून कागद बनवला जातो. आपल्या पुनरुत्पादनासाठी वनस्पती नियमितपणे परागकणांना जन्माला घालत असतात. त्यामुळे त्यांचा साठा नियमितपणे निसर्गच पुरवत असतो. शिवाय ते असे सहजासहजी उपलब्ध होत असल्यामुळे त्या झाडांची कत्तल करणंही टाळता येतं. हरितक्षेत्राची हानी न करता हा कच्चा माल निर्वेध उपलब्ध होत राहतो.

सुरेश यांनी यासाठी सूर्यफुलाच्या परागकणांची शेती केली. ते पोटॅशियम हायड्रॉक्साइडच्या द्रावणात घातले. त्यातून त्या कणांमधील पेशी अलग झाल्या. त्यांचं मऊ लापशीसारख्या पदार्थाच्या कणांमध्ये रूपांतर केलं. काही मंडळींना परागकणांची ॲलर्जी असते. सुरेश यांनी विकसित केलेल्या प्रक्रियेपोटी या ॲलर्जीला कारणीभूत असलेल्या पदार्थांचा निचरा होतो. हाही एक आनुषंगिक फायदा आहे.

ही लापशी डिआयोनाइज्ड पाण्यानं धुतल्यावर त्यातील केरकचरा काढला जातो. स्वच्छ लापशी साच्यात घालून वाळवली जाते, आणि अनोखा कागद तयार होतो. यातली अंतिम टप्प्यातली प्रक्रिया आज तयार होणाऱ्या कागदासाठीही वापरली जाते.

फरक इतकाच, की त्यासाठी वापरला जाणारा लगदा कापलेल्या झाडापासून तयार होतो तर सुरेश यांच्या कागदात परागकणांपासून मिळवलेल्या लापशीचा वापर होतो.

आता या कागदाची खरी कसोटी होती. पहिली बाब म्हणजे त्यावर काही मुद्रित करता येतं की नाही याची चाचणी घ्यायची होती. त्यासाठी सुरेश यांनी प्रख्यात चित्रकार व्हॅन गॉगच्या सूर्यफुलाच्या प्रसिद्ध चित्राची निवड केली. लेझर प्रिन्टरच्या साहाय्यानं त्या चित्राची प्रत त्या कागदावर त्यांनी उतरवली. ते अतिशय उठावदार झाल्याची ग्वाही तज्ज्ञांनी दिल्यावर त्यांनी त्या चित्रावर पाणी सांडलं. त्यामुळे ना त्या चित्राचं नुकसान झालं ना त्या कागदाचं.

हुरूप येऊन सुरेश यांनी पुढचं पाऊल उचललं. त्या कागदाची कोणतीही हानी होऊ न देता ते चित्र पुसून टाकता येतं का याची आता चाचणी घ्यायची होती. त्यासाठी त्यांनी तो चित्रमुद्रित कागद अल्कलीधर्मी द्रवात बुडवला. काही काळ तसाच राहू दिला. कागद फुगला. आणि त्यावर आपला ठसा उमटवलेले शाईचे कण त्यापासून अलग होऊ लागले. द्रवात विरघळू लागले. चित्र नाहीसं झालं. तो कागद मग त्यांनी इथेनॉलच्या म्हणजेच मद्याार्काच्या द्रावणात बुडवला. त्यापायी तो फुगलेला कागद आकसत गेला आणि मूळ पदावर आला. वाळल्यानंतर त्यावर परत दुसरं एक चित्र मुद्रित करता आलं, तोच कागद परत परत असा आठ वेळा वापरता आला. एकदाच वापरून फेकून देण्याची आवश्यकता उरली नाही. या कागदाची ही आयुर्मर्यादा वाढवण्याचे प्रयत्न आता सुरू आहेत.

परागकणांचं काही विद्युतवाहक पदार्थांबरोबर मीलन घडवून हा कागद इलेक्ट्रॉनिक उपकरणांमध्येही वापरता येईल अशी आशा वैज्ञानिकांना वाटते आहे. सध्या सेमीकन्डक्टर पदार्थांमध्ये जो प्लास्टिकचा वापर केला जातो त्याला पर्याय म्हणूनही या कागदाचा उपयोग होऊ शकतो. जर कागदाची बचत करायची असेल तर या कागदाचा व्यापक वापर तर होईलच, पण प्रदूषणविरहित जगाकडे वाटचाल करण्याच्या प्रयासांनाही त्याचा हातभार लागू शकतो

परकीय भाषा अवगत असेल तर

देशाच्या स्वातंत्र्याचा अमृतमहोत्सव आपण नुकताच साजरा केला. गेल्या पंचाहत्तर वर्षांत आपण अनेक बाबतीत लक्षणीय प्रगती केली आहे. यातलं महत्त्वाचं स्थान आपल्या सरासरी आयुर्मर्यादेत झालेल्या वाढीकडे जातं. कधीकाळी तिशी-पंचविशीच्या आतबाहेर घोटाळणारं आयुर्मान आता पंचाहत्तरीच्या घरात पोचलं आहे. वयाची ऐंशी, नव्वद वर्षं गाठणाऱ्या व्यक्ती आपल्या आसपास आज सहज दिसतात.

पण वय वाढत जातं तसे आपले अनेक अवयव थकत जातात. त्यात मेंदूचाही समावेश आहे. आपली कामगिरी तो पूर्वीच्याच जोमानं आणि अचूकतेनं पार पाडू शकत नाही. आपल्या पंचेंद्रियांकडून मेंदूला सतत निरनिराळ्या प्रकारची माहिती पोचवली जाते. तिच्यावर प्रक्रिया करणं, तिचा अन्वयार्थ लावणं आणि उपयोगी असल्यास साठवून ठेवणं, नाही तर तिची विल्हेवाट लावणं ही कामं मेंदूला, आजच्या भाषेत सांगायचं तर, २४/७ करावी लागतात. वाढत्या वयाबरोबर ती कामं करण्याचा मेंदूचा वेग तर मंदावतोच, पण प्रसंगी त्याच्याकडून चुकाही होऊ लागतात. यालाच डॉक्टर 'कॉग्निटिव्ह एजिंग' म्हणतात. याचं कारण म्हणजे मेंदूचे घटक असलेल्या चेतापेशींच्या पातळीवर काही रचनात्मक बदल होतात. त्यांची जी जाळी तयार झालेली असतात ती विस्कळीत होतात.

हा ऱ्हास होण्याचा वेग सर्वांच्याच बाबतीत सारखा नसतो. कारण या बदलांचा सामना करण्यासाठी आयुष्यभराच्या तपश्चर्येच्या मदतीनं आपण काही राखीव ताकद जमवलेली असते. तिच्या मदतीनं या बदलांच्या परिणामांची व्याप्ती सीमित ठेवून मेंदूची कामगिरी जोमातच राहील याची आपण तजवीज करतो. ती ताकद मिळवण्यासाठी जेव्हा एखादं जाळं निर्माण केलं जाईल तेव्हाच ते सशक्त राहील, सहजासहजी कमजोर होणार नाही याची व्यवस्था करत असतो. हे जाळं अधिकाधिक गुंतागुंतीचं असेल तर ते कोणत्याही बाह्य हल्ल्याला तोंड देऊ शकतं, स्वतःचं संरक्षण करतं. या जाळ्यांना

मिळणारी ताकद अनेक घटकांवर अवलंबून असते. त्यात आपण करत असलेला व्यायाम, आहार, व्यवसाय आणि तो करण्यासाठी केलेला बौद्धिक क्षमतेचा वापर, फावल्या वेळेचा आपण केलेला वापर, मनोरंजन, शिक्षणाची पातळी, आर्थिक-सामाजिक स्तर यांचा समावेश होतो.

त्यातच एका, आजवर ज्याचा विचारही केला गेला नव्हता अशा, नवीनच घटकाची ओळख पटली आहे. इंग्लंडमधील एका विद्यापीठातील वैज्ञानिकांना द्विभाषक असलेल्या व्यक्तींच्या मेंदूचं कामकाज कसं चालतं? खास करून त्यांच्या कॉग्निटिव्ह रिझर्व्हचा वापर ते कसा करतात, या विषयी कुतूहल होतं. ते शमवण्यासाठी त्यांनी एक अनोखा प्रयोग केला. त्यासाठी त्यांनी साठी उलटून गेलेल्या तब्बल त्रेसष्ठ व्यक्तींना त्या प्रयोगात सामील करून घेतलं. त्यात पुरुष आणि महिला दोघांचाही समावेश होता. ते सर्वजण ठणठणीत निरोगी होते. शारीरिक तर नाहीच पण कसल्याही मानसिक किंवा मेंदूची झीज झाल्यामुळे उपटणाऱ्या व्याधिंनाही ते बळी पडलेले नव्हते. मात्र त्यांना मातृभाषेखेरीज दुसऱ्या एखाद्या परकीय भाषेचं ज्ञान असणं आवश्यक होतं. म्हणजे ती भाषा त्यांना अस्खलित बोलता यायला हवी होती असं नाही. किंवा त्या भाषेतलं साहित्य ते वाचू शकत असण्याचीही गरज नव्हती. कामचलाऊ किंवा जुजबी ज्ञान असलं तरी चालण्यासारखं होतं. यालाच त्यांनी द्विभाषक असं नाव दिलं होतं.

प्रयोग सुरू करण्याआधी त्या सगळ्यांना एक प्रश्नावली दिली होती. त्यात नेहमीचे म्हणजे वैवाहिक स्थिती, शिक्षण, व्यावसायिक आणि सामाजिक संबंध, खेळ आणि छंद वगैरेंची माहिती द्यायची होती. पण बाकीचे प्रश्न त्यांच्या कॉग्निटिव्ह रिझर्व्हसंबंधी होते. त्याचबरोबर जी दुसरी भाषा त्यांना किती वर्षांपासून अवगत होती. कोणत्या वयात त्यांनी त्या भाषेचं ज्ञान मिळवलं होतं. किती वेळा आणि कुठं ते तिचा वापर करत असत. तसंच त्या भाषेत ते कितपत पारंगत होते याचीही माहिती गोळा केली जात होती.

आता मुख्य प्रयोगाला सुरुवात केली गेली. त्यात त्यांना एका ओळीत ठेवलेले पाच बाण दाखवले होते. त्यातला मध्यवर्ती बाण कळीचा होता. त्याच्या दोन्ही बाजूला दोन दोन बाण होते. त्यांची दिशा मध्यवर्ती बाणासारखीच तरी होती किंवा त्याच्या विरुद्ध बाजूला तरी होती. शिवाय त्या दोन्ही बाणांमध्येही दिशेची समानता असेलच असं नाही. कधीकधी तिथं बाणांऐवजी दुसरंच कोणतं तरी चिन्ह ठेवलेलं असायचं. ते सगळं पाहत असताना त्यांना मध्यवर्ती कळीच्या बाणाची दिशा कोणती आहे, हे कमीत कमी वेळेत सांगायचं होतं. ज्या वेळी सर्व बाणांची दिशा एकसारखीच होती त्यावेळी त्या चित्रावर लक्ष केंद्रित करणं आणि उत्तर देणं सोपं जाई. कारण चित्रात फारशी गुंतागुंत नसे. पण ज्यावेळी या दिशा एकमेकांविरुद्ध असत त्यावेळी त्या जंजाळातून मधल्या बाणावरच लक्ष केंद्रित करणं अवघड जातं. ते करून प्रयोगार्थी उत्तर, आणि

तेही अचूक, द्यायला किती वेळ घेतात हे मोजलं गेलं.

द्विभाषक व्यक्तींनी या प्रयोगात बाजी मारल्याचं स्पष्ट झालं. त्यांनी कमी वेळात उत्तर दिलं. त्यातही ज्यांनी ती दुसरी भाषा जास्त काळ शिकली होती, काही प्रमाणात तिच्यात त्यांनी प्राविण्य मिळवलं होतं त्यांना त्या प्रश्नाचं उत्तर चटकन देण्यात काहीच अडचण येत नव्हती. जितका अधिक काळ त्यांनी त्या दुसऱ्या भाषेचं शिक्षण घेतलं होतं किंवा तिचा वापर केला होता तेवढी त्यांना त्या गुंतागुंतीच्या चित्रातलं नेमकं मर्म ओळखणं सोपं जात होतं. त्यातही त्या भाषेतली पारंगतता अधिक महत्त्वाची होती.

याच्या पाठचं इंगितही वैज्ञानिकांनी सांगून टाकलं आहे. आपल्या कॉग्निटिव्ह रिझर्व्हच्या बांधणीत सहभाग असणारे जे अनेक घटक आहेत, त्यापैकी भाषा सतत आपल्या बरोबर असते. व्यायाम, आहार किंवा नोकरी एकच एक धरून राहू शकतो किंवा सोडूनही देतो. बदलतो. पण भाषेचं तसं नाही. एकदा का तिचं शिक्षण घेतलेलं असलं, की ती आपली कायमची साथ करते. मध्यंतरी बरेच दिवस तिचा वापर झाला नाही तर अडखळल्यासारखं होतं, पण तिचा संपूर्ण विसर पडत नाही.

त्याहून महत्त्वाची बाब म्हणजे बोलत असताना आपल्याला कितीतरी वेळा एका भाषेतून दुसऱ्या भाषेत बदल करावा लागतो. अशा वेळी त्या दोन भाषांमघील वेगळ्या शब्दसंग्रहामुळे आणि व्याकरणामुळे एक प्रकारचा संघर्ष उद्भवतो. पण जर आपण त्या दोन्ही भाषांमध्ये प्राविण्य मिळवलं असेल तर त्या संघर्षाचा सामना आपण सहजगत्या करू शकतो. वेळ न दवडता आपण तो भाषाबदल करू शकतो. थोडक्यात, संघर्षाचा सामना करण्याची आपली क्षमता वाढीस लागते. शस्त्राची धार परजावी तशी. त्याचा उपयोग करून दैनंदिन जीवनात येणाऱ्या समस्यांवर आपण सहज मात करू शकतो.

। ४८ ।

गाडी पार्क करायची असेल तर...

स्वतःची गाडी असणं ही आजकाल अपवादात्मक बाब राहिलेली नाही. वाढतं राहणीमान, मध्यमवर्गाचं उच्च मध्यमवर्गाच्या दिशेनं होणारं स्थित्यंतर आणि बँकांनी कर्जवाटपाबाबत थोडा सैल सोडलेला हात यापायी पदरी गाडी बाळगणं अनेकांना शक्य होत आहे. मोठ्या शहरांमध्ये तर ती आता गरजेची बाब झाली आहे. काही प्रमाणात मुंबईचा अपवाद वगळता आपल्याकडे सार्वजनिक वाहतुकीची व्यवस्था अजूनही कमजोरच राहिली आहे.

पण गाडी असूनही तिच्या वापराबाबत एक मोठीच समस्या भेडसावत आहे. कुठंही ती न्यायची तर तिथं पार्किंगची काय सोय आहे, याचा प्रथम विचार करावा लागतो. शुल्क भरून गाडी पार्क करायची सोय काही ठिकाणी झालेली आहे. तिथंही पार्क केलेली गाडी नंतर चटकन सापडणं मुश्कील होत असल्याचा अनुभव अनेकांना येतो. विशेषतः विमानतळासारख्या ठिकाणी जिथं हजारो गाड्या ठेवलेल्या असतात तिथं आपण आपली गाडी नेमकी कुठं ठेवली होती हे पटकन आठवत नाही. मग तिची शोधाशोध करावी लागते.

याचसाठी चालक सहसा विमानतळाच्या, किंवा एखाद्या मोठ्या मॉलच्या प्रवेशद्वारापासून जवळच असलेल्या जागेचा शोध घेतो. त्यामुळे आत शिरायला आणि बाहेर पडल्यावर गाडीत बसायला फारसे कष्ट घ्यावे लागत नाहीत. ते साध्य व्हावं यासाठी भौतिकशास्त्रज्ञ सिडनी रेडनर आणि पॉल क्रापविस्की यांनी गणिती प्रमेयांचा आधार घेत एक प्रणाली विकसित करण्याचं ठरवलं. त्यांच्या मते जर अशी सोयीस्कर जागा शोधत तुम्ही संपूर्ण वाहनतळाला प्रदक्षिणा घालत राहिलात तर त्यात तुमचा वेळही जातो आणि इंधनही वाया जातं. त्यातून तुम्हाला सोयीस्कर जागा मिळालीच तर अर्थात गाडीपासून मॉलमध्ये शिरण्याचा वेळ वाचतो.

उलट अशी शोधाशोध न करता पहिल्यांदा मिळेल ती जागा पटकावलीत तर

शोधण्यात घालवलेला वेळ वाचतो, पण इमारतीत शिरण्यासाठी तुम्हाला बरंच चालावं लागतं आणि त्यात वेळही जातो. या समस्येवर तोडगा कसा काढता येईल, याचा विचार करून मशिन लर्निंगचा वापर करून उत्तम प्रणाली विकसित करण्याचं उद्दिष्ट या वैज्ञानिक द्वयीनं ठरवलं होतं.

त्यासाठी त्यांनी चालकांचे तीन वर्ग केले. पहिला होता शांत आणि संयमी चालक. हा जास्त विचार न करता दिसेल त्या पहिल्या मोकळ्या जागेची निवड करतो. तसं केल्यानं शोधाशोध करण्यात वाया जाणारा वेळ वाचतो खरा. पण तो त्या जागेपासून मुख्य दरवाजापर्यंत जाण्यात खर्ची पडतो. म्हणजे त्याची कसलीही बचत होत नाही. पण मुख्य दरवाजाजवळ असलेल्या सोयीस्कर जागा मोकळ्या असूनही त्याला मिळत नाहीत. त्यांना तो मुकतो.

दुसऱ्या वर्गातल्या चालकाला संशोधकांनी आशावादी चालक म्हटलं आहे. हा शोधाशोध करायला घाबरत नाही. कारण आता नाही तर नंतर सोयीस्कर जागा सापडेलच, अशी आशा त्याला वाटत असते. त्यासाठी वाटेल तेवढ्या प्रदक्षिणा घालत राहण्याची त्याची तयारी असते. मुख्य दरवाजाजवळच्या जागेत आपली गाडी ठेवलेला कोणीतरी तिथून निघण्याच्या तयारीत असलेला त्याला दिसतो. आणि ती जागा बळकावण्याची तयारी तो करायला लागतो.

तिसरा वर्ग आहे हुशार आणि सावध चालकाचा. हा उगीचच घिरट्या घालत राहण्याचं नाकारतो. पण संयमी चालकासारखा उतावळीनं दिसेल त्या पहिल्या जागेची निवड करत नाही. एका प्रदक्षिणेत तो संपूर्ण वाहनतळाचा व्यवस्थित वेध घेतो आणि मगच त्यातल्या त्यात जास्त सोयीस्कर जागेची निवड करतो. ती सर्वोत्तम नसते पण वेळ, श्रम आणि इंधन वाचवण्यासाठी किमान खर्च लागणारी असते.

एवढी तयारी झाल्यानंतर प्रॉबॅबिलिटी थेअरी आणि रेट इक्वेशन्स या गणिती प्रमेयांच्या साहाय्यानं त्यांनी या तिन्ही चालकांनी वापरलेल्या रणनीतीचं विश्लेषण केलं. त्यात त्यांना हुशार चालक अव्वल निघाल्याचं दिसून आलं. कारण त्यात चालकानं किमान वेळ खर्ची घातला होता. सर्वोत्तम जागा मिळवण्याच्या प्रयासात किती वेळ खर्च होत होता याचा विचार केला जात नव्हता. इंधनाचा विचार तर मनाला शिवलाही नव्हता.

रेडनर आणि क्राविस्की तरीही प्रांजळपणे मान्य करतात, की ही प्रणाली पूर्णपणे गणिती स्तरावरच आहे. प्रत्यक्षातल्या चालकांच्या वागणुकीचा विचार त्यात अंतर्भूत नाही. पण आभासी स्तरावर ती यशस्वी होते, हे सिद्ध झाल्यावर त्याचा प्रत्यक्षात वापर करण्यासाठी जी यंत्रणा विकसित करावी लागेल ती करणं शक्य होईल, अशी आशा त्यांना वाटत आहे. त्यासाठी गाडीमध्ये तसंच वाहनतळावर आणखी काही

सुविधा निर्माण कराव्या लागतील याची कल्पनाही त्यांना आहे. त्यापैकी एकाचा वापर आजही केला जात आहे. वाहनतळावर ज्या जागा भरलेल्या आहेत त्या लाल दिव्यांनी दाखवल्या जातात. आणि मोकळ्या जागांचा निर्देश हिरव्या दिव्यांनी केला जातो. त्यामुळे चालकाला दूरवरूनही मोकळ्या जागेचा अंदाज येतो. त्यासाठी मोकळ्या जागेच्या जवळ आल्यानंतरच ती पाहावी लागत नाही. गाडीचा वेगही फार कमी करावा लागत नाही.

अर्थात इतर चालक जर संयमी किंवा आशावादी वर्गातले असतील तरच हुशार चालकाचं धोरण यशस्वी होईल. जर सर्वच चालक हुशार निघाले तर या रणनीतीचा फारसा फायदा मिळणार नाही, हेही तितकंच खरं आहे. त्यावर मात करण्यासाठी गेम थेअरी या गणितातल्या आणखी एका प्रणालीची योजना करण्याचा विचार प्रा. वेल्की करत आहेत. खास करून त्यातल्या 'प्रिझनर्स डिलेमा' या प्रमेयाचा वापर करण्याचा त्यांचा मानस आहे.

समजा दोन मित्रांना संशयित म्हणून पोलिसांनी पकडलेलं आहे. त्यांनी आपल्या गुन्ह्याची कबुली द्यावी म्हणून पोलीस एक युक्ती करतात. ते सांगतात दोघांपैकी कोणीही आपलं तोंड उघडलं नाही तर अर्थात त्यांना सोडावं लागेल. पण एकानं कोणी पूर्ण माहिती दिली तर त्याला माफीचा साक्षीदार बनण्याची संधी मिळेल.

आता प्रत्येकाची तपासणी स्वतंत्रपणे केली जाणार असल्यानं आपल्या जोडीदारानं नेमकी कोणती कृती केली आहे याची कल्पना दुसऱ्याला येणार नाही. जर जोडीदार गप्पच राहिला असेल तर आपणही गप्प राहणं शहाणपणाचं होईल, पण त्यानं जर तोंड उघडलं असेल तर आपण अळी मिळी गुप चिळी धरण्यानं उलट नुकसानच होईल. खरं तर दोघांनीही मिठाची गुळणी धरणंच योग्य होईल, पण ते कसं साध्य करावं?

इथंही इतर चालक कोणत्या रणनीतीचा आधार घेत आहेत याची काहीच कल्पना नसते. त्यावर योजावयाचे उपाय गेम थेअरीत विकसित केले जातात.

या सर्व गणिती प्रारूपांचा उपयोग पाश्चात्त्य देशात असणाऱ्या वाहनतळांसारखे तळ आपल्याकडे उपलब्ध करून दिले जातील तेव्हाच होईल. तोवर जर गाडी पार्क करायची असेल तर सध्या कराव्या लागणाऱ्या मगजमारीला पर्याय नाही.

व्यक्तिमत्त्व बदलायचं असेल तर

स्वभावाला औषध नाही, असं म्हणतात. पण स्वभाव म्हणजे काय? इंग्रजीत ज्याला पर्सनॅलिटी म्हणतात तो? पण नाही. कारण पर्सनॅलिटीचे दोन घटक आहेत. एक शारीरिक आणि दुसरा मानसिक. शरीराची सुघड ठेवण, प्रमाणबद्धता, उंची, आकर्षक चेहरा पाहणाऱ्यावर प्रभाव पाडतात. अशा व्यक्तीबद्दल पहिल्याच नजरेत सकारात्मक भावना तयार होतात. पर्सनॅलिटीची ही शारीरिक ठेवण बदलता येत नाही. सिग्मन्ड फ्रॉईडनं सांगितलं होतं की साधारण वयाच्या पाचव्या वर्षापर्यंत याची जडणघडण होते आणि तीच आयुष्याच्या अंतापर्यंत कायम राहते.

तसं पाहिलं तर फ्रॉईडचा सिद्धांत, त्यानं विशद केलेली व्यवच्छेदक लक्षणं मुख्यत्वे व्यक्तीच्या मनोवस्थेविषयी आहेत. त्यामुळे त्याला अभिप्रेत असलेली पर्सनॅलिटी ही मानसिक अवस्थेविषयीची आहे. ती आयुष्यभर बदलत नाही असं त्यानं म्हणणं म्हणजेच 'स्वभावाला औषध नाही', असंच म्हणणं आहे. जित्याची खोड मेल्याशिवाय जात नाही, या समजाची पुष्टी करणारी आहे.

आणि जरी मानलं की तो पर्सनॅलिटीच्या शारीरिक अंगाविषयी बोलत होता, तरी वयाच्या पाचव्या वर्षापर्यंत ती पूर्णपणे विकसित होते आणि त्यानंतर अबाधित राहते, हेही मान्य होण्यासारखं नाही. कारण व्यक्ती पौगंडावस्थेत पोचेपर्यंत शरीरयष्टीत बदल होतच राहतात. खरं तर त्यानंतरच्या आयुष्यातही वयोमानानुसार ते होतच राहतात.

तेव्हा अबाधित काही राहत असेलच तर तो स्वभाव. त्यातही संस्कारक्षम वयात त्याची झालेली जडणघडण आयुष्यभर खरोखरच साथ करते, याचा विचार करायला हवा. म्हणून 'पर्सनॅलिटी' याला समानार्थी म्हणून आपण 'व्यक्तिमत्व' या शब्दाची योजना करू शकतो. त्यात शारीरिक आणि मानसिक दोन्ही अंगांचा समावेश करू.

शारीरिक ठेवणीची बैठक ही जन्माच्या वेळीच मातापित्यांकडून मिळालेल्या

जनुकांच्या वारशानुसार निश्चित होते. जनुकांच्या रचनेत आपण फेरबदल करू शकत नाही. गेल्या काही वर्षांमध्ये विकसित झालेल्या क्रिस्परसारख्या जनुकांचं संपादन करू देणाऱ्या काही तंत्रज्ञानांपोटी आपण जनुक रचनेत आणि पर्यायानं ती जनुकं निर्धारित करत असलेल्या व्यक्तिविशेषांमध्ये बदल घडवून आणू शकतो. पण तो एखाद्या दुसऱ्या जनुकामध्ये. घाऊक प्रमाणात तसा फेरबदल करणं अजून तरी शक्य झालेलं नाही. त्यामुळे व्यक्तिमत्त्वाच्या शारीरिक अंगाचा विचार बाजूला ठेवलेलाच बरा.

स्वभावाच्या जडणघडणीत जनुकांचा काही प्रभाव पडतोच. पण मुख्यत्वे संस्कारक्षम वयात आलेले अनुभव, आसपासचं कौटुंबिक, सामाजिक वातावरण स्वभाव निर्धारित करण्यात कळीची भूमिका बजावतात. एखाद्यानं त्या संवेदनशील वयात बापाचा रुद्रावतारच अनुभवला असेल, दारू पिऊन तो आईचा शारीरिक मानसिक छळ करताना पाहिला असेल, आसपासच्या वस्तीत मारामाऱ्या, चोऱ्या, खून होताना पाहिले असतील तर त्याचा स्वभाव चिंतनशील उदारमतवादी होण्याची शक्यता अगदीच कमी. उलट एखाद्यानं करुणाभावनेचा परिपोष होताना अनुभवला असेल, उत्तम शिक्षकांच्या व्यक्तिमत्त्वानं तो भारून गेला असेल तर सहसा तो दुष्कृत्य करण्याला प्रवृत्त होणार नाही. इतरांप्रती, खास करून अभागी व्यक्तींविषयी त्याला सहानुभूती, आत्मीयता वाटण्याचीच शक्यता जास्त असते. स्वभाव अशा रीतीनं त्या तशा कोवळ्या वयातच पक्का होत असेल तर त्यात बदल होण्याची शक्यता क्षीणच असते.

तरीही माणसाच्या स्वभावात बदल झाल्याचीही अनेक उदाहरणं आपल्या अवतीभवती आपल्याला दिसतात. 'अरे, तो बदललाय बरं का अलीकडे', असं आपण म्हणतो. पूर्वी कसा आपल्या आपल्यातच राहायचा, बोलावूनसुद्धा इतरांमध्ये मिसळायचा नाही, आता बघितलंस ना आपणहून इतरांकडे येतोजातो, गणेशोत्सवाच्या तयारीत उत्साहानं भाग घेतो. उलटपक्षी तोपर्यंत उत्साहमूर्ती असलेला कोणी एकदम स्वतःला मिटून घेतो. इतरांशी संपर्क टाळण्याचाच प्रयत्न करतो.

काही वेळा याला काही खास कारणंही असू शकतात. धडधाकट असलेल्या कोणाला जर कर्करोगाची बाधा झाली असं निदान झालं तर त्याच्या स्वभावात टोकाचा बदल व्हावा यात आश्चर्य नाही. किंवा अशीच एखादी अनाकलनीय दुर्घटना घडली असेल तर त्याचाही परिणाम स्वभावावर झाल्याशिवाय राहत नाही.

तरीही हे झाले नैसर्गिक बदल. जाणूनबुजून स्वभावात बदल करणं शक्य होईल का? आजवर झालं ते झालं, उद्यापासून मी माझ्या स्वभावात बदल करणार आहे, असं ठरवून बदल करता येईल का? याच सवालांचं उत्तर शोधण्याचा प्रयास चैतावैज्ञानिक करत आहेत.

आपला स्वभाव निर्धारित करण्यात दोन प्रभावांचा समावेश असतो. हिंदी सिनेमांनी लोकप्रिय केलेल्या 'खानदान' आणि 'परवरिश' या दोहोंचा स्वभाव बनवण्यात हिस्सा असतो. त्याचंही पन्नास पन्नास टक्के असं सरळ साधं समीकरण नसतं. काही वेळा एक वरचढ ठरतं तर काही वेळा दुसरं.

खानदान म्हणजे आपल्याला मिळालेला जनुकांचा वारसा. याचा प्रभाव ज्या स्वभाववैशिष्ट्यांवर आहे त्यांच्यामध्ये बदल करणं जवळजवळ अशक्यच असतं. ती आपली मूलभूत प्रवृत्ती असते. परवरिश म्हणजे आपली वाढ होत असताना, ज्या कौटुंबिक सामाजिक पर्यावरणाचा अनुभव आपण घेत असतो त्यांचा प्रभाव आपली काही स्वभाववैशिष्ट्यं तयार करण्यावर पडतो. त्यांच्यामध्ये बदल घडवून आणला जाऊ शकतो.

आपली नीतिमूल्यं आणि मूल्यप्रणाली यांचाही पगडा आपल्या स्वभावावर पडतो. ती मूल्यं प्रमाण मानणाऱ्या कुटुंबात, समाजात जर आपली वाढ झाली असेल तर आपला स्वभाव त्याप्रमाणे निर्धारित होतो. तसंच आयुष्यात आपलं ध्येय काय असावं आणि ते साध्य करण्याच्या प्रवासात जे अडथळे येऊ शकतात, जे कसोटीचे प्रसंग येतात त्यांचा सामना कसा करायचा हेही त्या मूल्यव्यवस्थेच्या संदर्भातच निर्धारित होतं. अशा प्रसंगी डगमगून न जाता खंबीर राहण्याचा स्वभाव त्यावेळी जी दीक्षा मिळाली असेल त्यानुसारच तयार होतो.

त्यानुसार जर स्वभावात काही अनिष्ट, अहितकारक प्रभावांचा पगडा पडला असेल तर त्या प्रमाण मानल्या जाणाऱ्या मूल्यप्रणालीत बदल करून स्वभावातले ते कंगोरे पुसून टाकण्याचे, किमानपक्षी बोथट करण्याचे प्रयत्न केले जाऊ शकतात.

पर्यावरणातला बदल स्वभावातही कसा बदल घडवतो याचं एक उदाहरण इवीक यांनी दिलं आहे. त्यांच्याकडे उपचारासाठी आलेला एक रुग्ण मुळात हॅपी-गो-लकी स्वभावाचा होता. अतिमहत्त्वाकांक्षी नव्हता. इतरांशी मिळून मिसळून वागणारा होता. पण त्याच्या कामाच्या ठिकाणी जोमदार स्पर्धेचं वातावरण होतं. टार्गेट्स वेळेवर पुरी करण्याचा दबाव होता. सतत तणावपूर्ण वातावरणात त्याला वावरावं लागत होतं. त्या माहोलाचा साहजिकच त्याच्या स्वभावावर मोठा परिणाम झाला. तो चिडचिडा झाला. साध्या साध्या कारणावरून त्याचा राग उफाळून येऊ लागला. आपला आनंदी स्वभाव तो हरवून बसला.

म्हणूनच स्वभाव जाणीवपूर्वक बदलायचा असेल तर त्या वातावरणापासून तरी दूर जायला हवं किंवा त्यातल्या तणावाचा समर्थ सामना करण्याची सवय तरी लावून घ्यायला हवी, असाच सल्ला दिला जातो.

अन्न भांड्याला चिकटत असेल तर...

माणूस अन्न शिजवून खायला लागला तेव्हा सुरुवातीला तो ते सरळ सरळ भट्टीत घालून नुसतंच भाजायचा. पण हळूहळू त्याची पाककला विकसित होऊ लागली तशी त्याला अन्न शिजविण्यासाठी भांड्यांची गरज भासू लागली. तव्यासारखी उथळ आणि सपाट, पातेल्यासारखी थोडी खोल आणि तळाला थोडी वक्राकार; या शिवाय अनेक आकारांची आणि घाटांची भांडी वापरायला त्यानं प्रारंभ केला. प्रथम मातीचीच भांडी त्यानं वापरली. पण धातूयुग अवतरल्यानंतर मातीची जागा लोह, तांबं वगैरे धातूंनी घेतली. काही मिश्र धातूही वापरात आले. त्यातलं पितळ हे तर परवापरवा पर्यंत वापरात होतं. त्यालाच जास्त पसंती दिली जात होती. पण त्याच्या पृष्ठभागाशी अन्नाचा थेट संबंध आल्यास तो अपायकारक ठरतो हे पाहिल्यानंतर त्याला कल्हई करायचा मार्ग शोधला गेला. यात पितळेवर कथलाचा लेप दिला जात असे. नवसागरातला अमोनिया अलग करून त्यानं भांडं स्वच्छ करून घेतलं. की त्यावर वितळलेल्या कथलाची कांडी फिरवून हा लेप दिला जात होता. मात्र तो कायमचा टिकत नसल्यामुळे वेळोवेळी परत परत कल्हई करावी लागत होती.

यात फरक पडला तो स्टेनलेस स्टीलचा शोध लागल्यानंतर. एक तर ही भांडी त्याच्या चकचकीतपणामुळे उठून दिसत. आकर्षक वाटत. आणि त्यांना कल्हई करण्याची गरज उरली नव्हती. आजकाल तर त्याच भांड्यांचा वरचष्मा राहिला आहे. पण त्यात एक दोषही दिसून आला आहे. काही वेळा अन्न या भांड्यांना चिकटून राहतं. जर असं झालं तर कोणता उपाय करायचा हा प्रश्न साहजिकच उभा राहिला. पण त्याचं उत्तर मिळवण्यापूर्वी मुळात अन्न या भांड्यांना चिकटतंच का, याचा वेध घ्यायला हवा.

त्याची दोन कारणं आहेत. पहिलं म्हणजे स्टेनलेस स्टील धातू सगळीकडे सारखाच तापत नाही. त्यामुळेच असेल कदाचित पण अन्नातले घटक आणि भांड्याचा धातू, प्रामुख्यानं स्टेनलेस स्टील, यांच्यामध्ये रासायनिक बंध तयार होतात. त्यातले काही

व्हॅन डर वाल्स जातीचे तसे कमजोर बंध असतात. ते सहजासहजी तुटूही शकतात. पण काही मात्र कोव्हॅलन्ट बंधांसारखे मजबूत असतात. ते तुटत नाहीत. खास करून ज्या अन्नामध्ये प्रथिनांची रेलचेल असते ते अशा धाटणीचे बंध तयार करतं. त्यांच्या प्रभावाखाली मग अन्न भांड्याला चिकटून राहतं. काही वेळा तर ते खरवडूनच काढावं लागतं. तसं करताना अर्थात भांड्याच्या पृष्ठभागाचं नुकसान होण्याची शक्यता असते.

तसं होऊ नये असं वाटत असेल तर मग अन्न शिजवताना काही खबरदारी घ्यायला हवी. वरवर आपल्याला या भांड्यांचा पृष्ठभाग सपाट गुळगुळीत दिसतो. पण सूक्ष्मदर्शकाच्या मदतीनं बघितलं तर तो उंचसखल असल्याचं स्पष्ट होतं. काही ठिकाणी उंचवटे असतात तर काही ठिकाणी खड्डे असतात. त्यावर तेल पसरलं की ते खड्ड्यांमध्ये साचून राहतं. उलट उंचवट्यांवरून ते वाहून जातं. तसं पाहिलं तर तेल घट्ट आणि चिकट असतं. ते प्रवाही नसतं. खास करून थंड तेल याच प्रकारात मोडतं. पण ते गरम झालं की त्याच्या या गुणधर्मात फरक पडतो. ते प्रवाही होतं. खड्डे भरून काढतं आणि भांड्याच्या पृष्ठभागावर सगळीकडे सारखंच पसरत जातं. ते अन्नाच्या बाहेरच्या भागाला त्वरित भाजून काढत त्यातल्या पाण्याची वाफ करतं. हा वाफेचा तवंग अन्नाला वर उचलतो. स्वाभाविकच अन्नाचा भांड्याच्या गरम पृष्ठभागाशी थेट संपर्क येत नाही. त्याच्याशी त्याची गट्टी जमत नाही. पण जर तेल पुरेसं गरम नसेल तर हा वाफेचा पापुद्रा तयार होत नाही आणि अन्न थेट भांड्याच्या तुलनेनं थंडच असलेल्या पृष्ठभागाशी संपर्कात येऊन बळकट बंध तयार होतात. भांड्याला चिकटून राहायला मदत करतात.

तेल जर चांगलंच तापलं असेल तर त्याची आणि भांड्याच्या धातूच्या रेणूंशी त्याची विक्रिया होऊन त्याच्या पृष्ठभागावर एक लेप तयार होतो. त्यालाच पॉटिना म्हणतात. धातूचे रेणू त्यात गुंतल्यामुळेच अन्नाच्या कणांशी संबंध जोडायला ते मोकळे राहत नाहीत. अन्नाला भांड्याला चिकटायला वाव राहत नाही. अर्थात हा पॉटिना भांडं घासताना सहज निघून जातो. त्यामुळे परत ते भांडं वापरताना त्याची नव्यानं निर्मिती करावी लागते. चतुर गृहिणी तेल चांगलं तापलंय याची शहानिशा केल्याशिवाय त्यात अन्न घालत नाही. फोडणीसाठी घातलेली मोहरी चांगली तडतडायची ती वाट पाहते ते यासाठीच. त्यापाठचं हे रासायनिक कारण कदाचित तिला माहिती नसेल, पण त्याच्या परिणामाची जाणीव अनुभवातून तिनं आत्मसात केलेली असते. याला अपवाद आहे तो बिडाच्या भांड्याचा. त्यांच्यावरचा पॉटिना अधिक टिकाऊ असतो. तो काढून टाकायचा असेल तर घासताना अधिक मेहनत घेणं गरजेचं असतं.

तेल मुख्यतः कार्बन आणि हैड्रोजन यांचं संयुग असतं. तापायला हवं हे खरं. पण ते अति तापणंही फायद्याचं नसतं. कारण ते जळून त्याचा धूर होण्याच्या स्थितीला पोचलं, या तापमानालाच 'स्मोक पॉईन्ट' म्हणतात, की त्यातले कार्बनचे अणू सुटे होतात. ते

पाठी राहतात. भांड्याला चिकटून बसतात. काही वेळा भांडं काळवंडल्यासारखं दिसतं ते यामुळेच. त्यांच्या थरापासून सुटका होण्यासाठी तशाच ताकदीच्या डिटर्जंटचा वापर करावा लागतो. अर्थात सगळीचं तेलं काही सारखी नसतात. त्यांचे स्मोक पॉईन्टही वेगवेगळे असतात. त्यातून सुटे होणाऱ्या कार्बनच्या कणांचं रूप आणि संख्याही वेगवेगळी असते. जेवढी या कार्बनच्या अवशेषांची मात्रा जास्त तेवढी हायड्रोजनची मात्रा कमी राहते. यातले जे कार्बनचे अणू मोकळे असतात ते भांड्याच्या धातूशी गटबंधन करून पॉटिनाला बळकटी देतात. तो अधिक टिकाऊ होतो.

तेव्हा जर अन्न भांड्याला चिकटू नये असं वाटत असेल, तर काही साधी पथ्यं पाळायला हवीत. सर्वांत महत्त्वाचं म्हणजे भांडं एकदम स्वच्छ हवं. जर त्या आधी वापरल्या वेळच्या अन्नाचे काही चुकार कण राहिले असतील तर ते नव्यानं आणि लवकर बळकट बंध तयार करून अन्नाला चिकटून राहायला मदतच करतील. भांडं व्यवस्थित तापल्याशिवाय त्यात तेल सोडलं तर तेही व्यवस्थित तापत नाही. शिजवायचं अन्न फार थंड असेल तर ते उलट त्या तेलाचं तापमान उतरवायला कारणीभूत ठरतं. पुढच्या प्रक्रियांमध्ये अडथळा निर्माण करतं. जर अन्नाच्या पृष्ठभागावर जास्त पाणी असेल तरीसुद्धा तो संरक्षक पॉटिना तयार होण्यात अडचण येते. खास करून मासे असतील तर त्यांच्या कातडीवरचं पाणी काढून टाकायला हवं. ते कोरडे राहतील याची तजवीज करायला हवी. आपण ते तळतो तेव्हा त्याच्यावर पिठाचा लेप देतो. त्यापायी त्यातलं पाणी शोषलं गेलेलं असतं. तिथं ही अडचण भेडसावत नाही. पण पाश्चात्त्य पद्धतीच्या शिजवण्यात माशाचा पृष्ठभाग थेट भांड्याला भिडतो. तिथं काळजी घेतली तर मग अन्न भांड्याला चिकटण्याची समस्या उभी राहणार नाही.

लेखक परिचय

डॉ. बाळ फोंडके,
ज्येष्ठ वैज्ञानिक आणि विज्ञानलेखक

तेवीस वर्षे भाभा अणुसंशोधन केंद्रात भौतिकी क्षेत्रातील संशोधनानंतर 'सायन्स टुडे' या अग्रेसर विज्ञानमासिकाचे प्रमुख संपादकपद डॉ. बाळ फोंडके यांनी भूषवले. त्यानंतर टाइम्स ऑफ इंडिया समूहातील सर्व दैनिक वृत्तपत्रांचे ते विज्ञान संपादक होते. १९८९ मध्ये तत्कालीन पंतप्रधान राजीव गांधी यांच्या आमंत्रणावरून दिल्लीला 'नॅशनल इन्स्टिट्यूट ऑफ सायन्स कम्युनिकेशन' या 'सीएसआयआर'च्या संस्थेचे संचालकपद त्यांनी स्वीकारले, दहा वर्षांच्या यशस्वी कारकिर्दीनंतर तिथूनच ते निवृत्त झाले. गेल्या साडेचार दशकांहून अधिक काळ त्यांनी विज्ञानविषयक लेख आणि सकस विज्ञानकथांचे लेखन केले आहे.

विज्ञानप्रसाराचा राष्ट्रीय पुरस्कार, इंदिरा गांधी पुरस्कार, सावरकर पुरस्कार, कुसुमाग्रज प्रतिष्ठानचा गोदागौरव पुरस्कार, महाराष्ट्र राज्याचे साहित्य पुरस्कार, कोकण मराठी साहित्य परिषदेचा साहित्य भूषण पुरस्कार वगैरे अनेक सन्मान त्यांना मिळाले आहेत.

इंग्लिश व मराठी भाषांत मिळून आजवर त्यांची ७०हून अधिक पुस्तके प्रकाशित झाली आहेत.

केंद्र सरकारच्या विज्ञान तंत्रज्ञान विभागाने तयार केलेल्या, देशाच्या विकासासाठी आवश्यक तंत्रज्ञानाचा आढावा घेणाऱ्या 'टेक्नॉलॉजी व्हिजन २०३५' या दस्तावेजाचे लेखन करण्यातही त्यांचा महत्त्वाचा सहभाग होता.